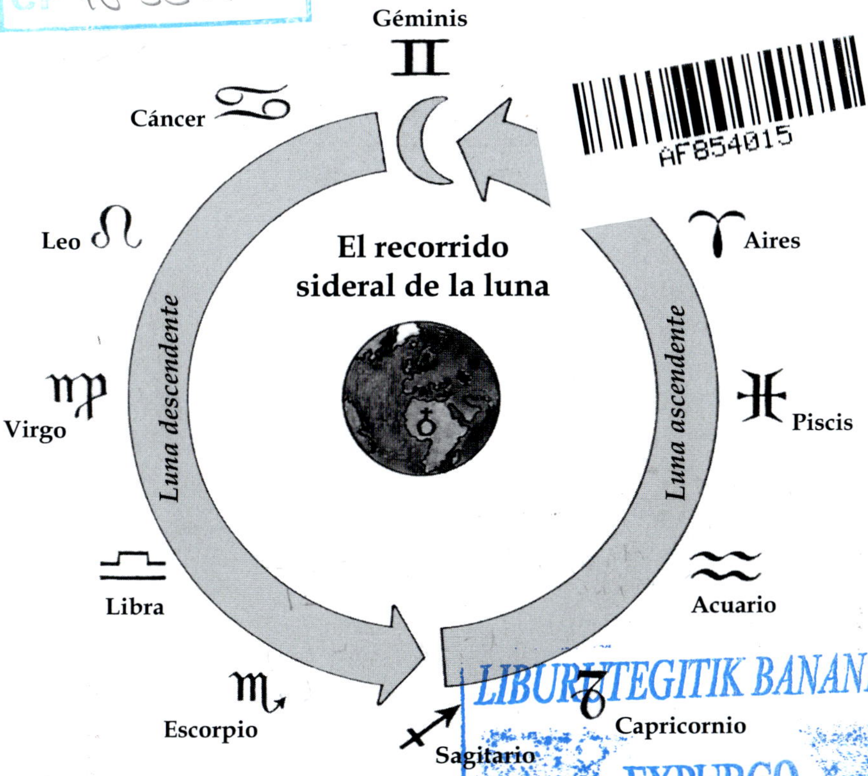
Géminis
Cáncer
Leo
Virgo
Libra
Escorpio
Sagitario
Capricornio
Acuario
Piscis
Aires
El recorrido
sideral de la luna
Luna descendente
Luna ascendente



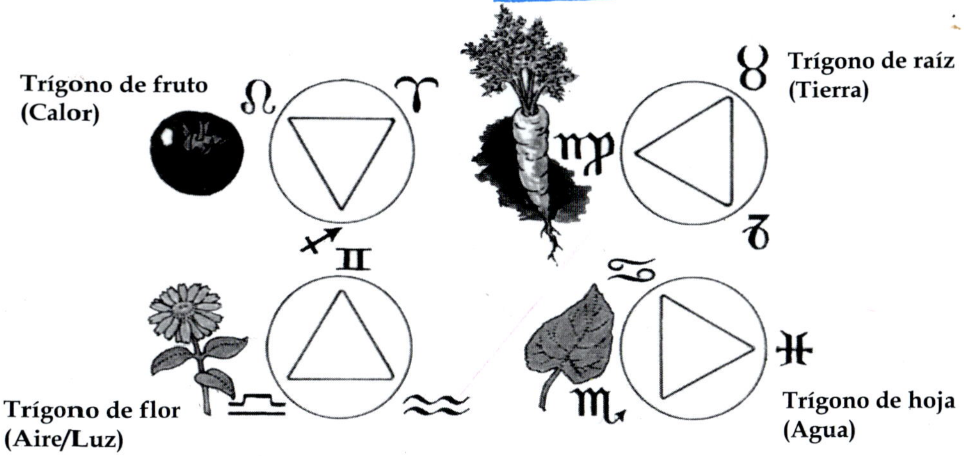
Trígono de fruto
(Calor)
Trígono de raíz
(Tierra)
Trígono de flor
(Aire/Luz)
Trígono de hoja
(Agua)

# Sembrar, plantar y recolectar en armonía con el Cosmos

Maria Thun

Textos recopilados para el horticultor aficionado, con la colaboración de Angelika Throll-Keller



Editorial Rudolf Steiner S.A.
C/Guipúzcoa, 11 - 1ºizda
28020 Madrid
Telf. 91 553 14 81

Con 98 fotos de Rolf Bhhl, Stuttgart: 81, 86 arriba, 87 arriba, 93 arriba; Keller Stuttgart: 38, 66, 103; Andrea Kögel, Baden-Baden: 37, 121;Reinhard-Tierfoto Heiligkreuzsteinach-Eiterbach: 2, 20, 24, 26, 29, 30, 35, 43, 45, 48, 55, 56, 57 arriba, 58, 59, 60 arriba izquierda, 60 arriba derecha, 60 abajo izquierda, 61, 65, 69, 70, 74, 77, 79, 82, 84, 86 abajo, 87 abajo, 88, 89, 93 abajo, 95, 99 arriba izquierda, 99 arriba derecha, 106, 111, 113, 114, 117, 119; Siegfried Stein, Vastorf: 57 abajo; Maria Thun, Biedenkopf/Dexbach: 6, 8, 10, 12, 16, 17, 19 arriba, 32, 34, 40, 42, 49, 52, 68, 96, 97, 107, 108, 112, 115 abajo; Jürgen Wolff, Gegenbach: 18, 19 abajo, 23, 27, 60 abajo derecha, 85, 99 abajo, 101, 104, 110

Portada: Atelier Reichert, Stuttgart. Fotos de Angelika Keller, Stuttgart. Ilustraciones de Marianne Golte-Bechtle, Stuttgart.
Composición: Gudrun Braun, Stuttgart


50 ilustraciones a color y una ilustración en blanco y negro de Marianne Golte-Bechtle, Stuttgart: ilustraciones de la tapa interior del libro.
Reinhild Hofmann, Munich: 21, 25, 28, 36, 67, 72, 78, 90, 92, 98, 100, 102, 105, 109, 115 arriba, 118, 120; Horst Lünser, Berlin: 41; Johannes-Christian Rost, Stuttgart: 1, 14, 39, 44, 46, 51, 53, 75, 80, 128

ISBN nº 978-84-89197-49-7
Depósito Legal: M-14.236-2009
Fotomecánica: Montytexto
Maquetación: Lola López de Cuéllar
Impresión: Artes Gráficas Grefol S.L.

## Sumario

**Ensayos con cereales sobre grandes superficies recolectados con una máquina cosechadora. Luego, al hacer el pan, se analizan las diferencias de calidad en éste.**

# PRÓLOGO

Esta obra recoge los resultados de nuestros trabajos, ya publicados en diferentes artículos de diversas revistas o en las obras de nuestra propia editorial Aussaattage. De todo el conjunto, aquí aparecen escogidos los temas de más interés para el cultivo de las huertas pequeñas.

Hemos llevado a cabo los ensayos basándonos en las directrices de la agricultura biodinámica. El método biodinámico fue desarrollado según los consejos que Rudolf Steiner expuso en 1924, en su ciclo de ocho conferencias para agricultores. Este método agrícola es el más antiguo de todos los ecológicos. La agricultura biodinámica ha sido objeto de muchos estudios comparativos con métodos biológicos y convencionales. Los preparados mencionados en varios lugares de este libro, siguen las recomendaciones de Rudolf Steiner, como también la incineración de plagas animales y vegetales.

Gracias a ensayos realizados a lo largo de muchos años, hemos podido ampliar y detallar los conocimientos sobre las relaciones cósmicas, ofreciendo así una información muy valiosa para quien practica este tipo de agricultura.

**Colaboradora analizando el aceite. Los diferentes tipos de tratamiento que han recibido las plantas oleaginosas pueden apreciarse claramente en la elaboración del aceite.**

## EL ZODIACO

El Zodiaco se compone de doce regiones. Desde la Tierra puede verse cómo el Sol varía a lo largo del año su posición ante las constelaciones estelares. La Luna y los planetas sólo se mueven ante estas constelaciones. Al pasar la Luna y los planetas ante estas regiones, transmiten impulsos a la Tierra (véase la ilustración en la solapa de la cubierta delantera).

La planta posee la capacidad de volver visible en su forma los efectos de estos planetas. La formación de las sustancias nutritivas –proteínas, grasas, hidratos de carbono, sales– se ve estimulada e impulsada por los ritmos cósmicos. Identificamos los límites y el paso de una constelación a otra sembrando muchas plantas cada hora. Esto supuso un gran esfuerzo, pero las plantas mostraron claramente la extensión de cada impulso. En esos ensayos se producían desplazamientos durante el perigeo (proximidad de la Luna) y el apogeo (lejanía de la Luna), que han de verificarse cada año. Dicha información se halla en el *Calendario de agricultura biodinámica*, de publicación anual.

Actualmente el Sol se encuentra ante las constelaciones durante los periodos siguientes:

- Piscis del 11 de marzo al 17 de abril
- Aries del 18 de abril al 12 de mayo
- Tauro del 13 de mayo al 19 de junio
- Géminis del 20 de junio al 18 de julio
- Cáncer del 19 de julio al 9 de agosto
- Leo del 10 de agosto al 14 de septiembre
- Virgo del 15 de septiembre al 31 de octubre
- Libra del 1 de noviembre al 18 de noviembre
- Escorpio del 19 de noviembre al 18 de diciembre
- Sagitario del 19 de diciembre al 17 de enero
- Capricornio del 18 de enero al 13 de febrero
- Acuario del 14 de febrero al 10 de marzo

## LAS RELACIONES CÓSMICAS

Hace 42 años, la pequeña obra de Rudolf Steiner *La formación práctica del pensamiento* me incitó a ver el mundo vegetal de una forma insólita. Pronto me di cuenta de que bajo las mismas condiciones de cultivo, por ejemplo con el mismo cultivo precedente, abono y semilla, surgían resultados considerablemente diferentes. A menudo una parcela daba mejor rendimiento que otra del mismo tamaño. Las condiciones de cultivo eran las mismas, por lo que las causas no podían encontrarse en el «espacio» –por decirlo así– sino que había que buscarlas en el «tiempo». De esta manera empezaron las investigaciones, cuyos resultados aparecen en este libro.

En la Tierra, todos los procesos orgánicos se repiten en el «tiempo». Muchos de estos procesos se reiteran continuamente en un mismo ritmo. El ejemplo más conocido es el ritmo de día y noche, que provoca en el ser humano importantes cambios en su estado de conciencia (vigilia, sueño profundo y sueño con imágenes).

**El aspecto (N. de T.: en el sentido de posición de los astros) cósmico del día de siembra se puede ver en la formación del «fruto» de la coliflor. De la siembra en día de hoja (izquierda y derecha) se han formado inflorescencias macizas. Las sembradas en día de flor (en medio) están muy abiertas y crecen demasiado rápidamente.**

El ritmo de día y noche (N. de T.: circadiano) se produce debido a que la Tierra se mueve sobre su propio eje. En la mitad de la Tierra donde da el Sol es de día, en la otra es de noche.

El curso del año es también un ritmo que siempre se repite. La Tierra se mueve a lo largo de un año alrededor del Sol. A principios de enero está cerca del Sol, a principios de julio está lejos del Sol. Los cambios de las estaciones de primavera, verano, otoño e invierno se deben a la inclinación del eje de la Tierra. El eje de rotación de la Tierra no es vertical respecto a su órbita, sino que está inclinado 66 grados, por lo que en los Polos se intercambian períodos de total oscuridad en invierno y luz continua en verano. La primavera y el otoño son las estaciones suaves de cambio. En el Ecuador, por el contrario, el día y la noche son igual de largos todo el año, es decir que transcurren en doce horas cada uno.

Además de las estaciones del año, caracterizadas por la relación de la Tierra con el Sol, los procesos vitales de la Tierra están influidos también por los ritmos de los planetas –Mercurio, Venus, Marte, Júpiter, Saturno, Urano, Neptuno y Plutón– y de la Luna. Las plantas tienen la capacidad de volver visibles los impulsos de los planetas, del Sol y de la Luna cuando crean y forman sus cuerpos, por ejemplo en la forma redondeada de la lechuga de cogollo. También se verán influidas las cantidades de proteínas, grasas, hidratos de carbono y sales.

A lo largo de los trabajos de investigación, fue surgiendo una ley fundamental: que las constelaciones del Zodiaco son de gran importancia para el crecimiento de la planta y actúan a través del Sol, la Luna y los planetas, que a su vez transmiten sus fuerzas a la planta por medio de los elementos clásicos del calor, la luz o el aire, el agua y la tierra.

Lo que más influye es el momento de siembra, es decir cuando se entierra la semilla. El momento o tiempo de la plantación –cuando se traslada la planta a otro lugar– es igualmente de gran importancia. Puede aumentar o disminuir el impulso del momento de la siembra.

Asimismo son relevantes los días de labranza de la tierra, ya que en esos momentos se abre la tierra a los impulsos del cosmos. Si el momento es oportuno, estimularán el desarrollo de la planta.

**Cebollas en mayo, procedentes de la cosecha del año anterior. Las recolectadas en días de hoja (izquierda, rótulo AK) se pudren. Las recolectadas en días de fruto y flor están creciendo (rótulo WK y LK). Sólo las recolectadas en días de raíz (rótulo EK) siguen tan duras como cuando fueron cosechadas en septiembre y así se conservarán hasta el próximo agosto.**

El tiempo de recolección también es decisivo. Si por ejemplo se cosecha en un momento desfavorable las semillas o partes de las plantas que han de servir para la reproducción, al año siguiente darán muchas más plantas débiles y enfermas. Los productos para guardar que se hayan recogido bajo impulsos cósmicos desfavorables, se pudrirán con más facilidad durante su almacenamiento. En el apartado sobre los resultados de ensayos de diferentes tipos de plantas, están descritas más ampliamente estas «épocas desfavorables» (véanse las páginas 17 a 30). También en la página 95 y las siguientes hay más conclusiones de ensayos sobre el tema.

## La Luna sideral

La Luna gira en torno a la Tierra en 27,3 días. Durante este recorrido pasa ante las doce regiones del Zodiaco. De dos a cuatro días tarda en pasar ante una nueva constelación. La Luna transmite a la Tierra las fuerzas de la constelación correspondiente ante la que pasa, a través de los elementos clásicos de calor, luz/aire, agua, y tierra. Véase la tabla 1 y la ilustración de la solapa de la cubierta anterior.

De cada tres constelaciones resulta un trígono. En el Zodiaco tenemos doce signos, por lo que resultan cuatro trígonos de tres constelaciones. Cada trígono se corresponde con un elemento clásico (véase la tabla 1 y la ilustración inferior de la página 1).

Al principio de los ensayos con las plantas, observé casi por casualidad que también era necesario atender al tiempo atmosférico. Dichas observaciones pronto señalaron que también aquí había reglas. Los días de siembra que influían de forma positiva sobre el desarrollo de la hoja de la planta, eran días con tendencia a ser húmedos. Los días de mayor humedad ambiental y con más precipitaciones eran esos «días de hoja». Según estas observaciones meteorológicas, los elementos clásicos se corresponden con un órgano de la planta (véase la tabla 1). Que la Luna pase cada dos o cuatro días ante una nueva constelación significa que cada dos o cuatro días los impulsos cambian (véase tabla: por ejemplo después de dos o cuatro días cambia de agua a calor). Aproximadamente cada nueve días la Luna pasa ante un nuevo trígono de fuerza del mismo tipo y actúa el mismo impulso. En estos momentos podemos volver a estimular el impulso por medio de cavas y pulverizaciones de sílice, siguiendo el ritmo de los trígonos.

Estas reglas no siempre son válidas. Las oposiciones de los plane-

**Tabla 1. Correspondencias halladas en los ensayos con plantas y observaciones meteorológicas.**

| Constelación | Elemento | Microclima | Órgano vegetal |
|---|---|---|---|
| Piscis | Agua | húmedo | Hoja |
| Aries | Calor | caldeado | Fruto |
| Tauro | Tierra | fresco/frío | Raíz |
| Géminis | Aire/Luz | aireado/luminoso | Flor |
| Cáncer | Agua | húmedo | Hoja |
| Leo | Calor | caldeado | Fruto-semilla |
| Virgo | Tierra | fresco/frío | Raíz |
| Libra | Aire/Luz | aireado/luminoso | Flor |
| Escorpio | Agua | húmedo | Hoja |
| Sagitario | Calor | caldeado | Fruto |
| Capricornio | Tierra | fresco/frío | Raíz |
| Acuario | Aire/Luz | aireado/luminoso | Flor |

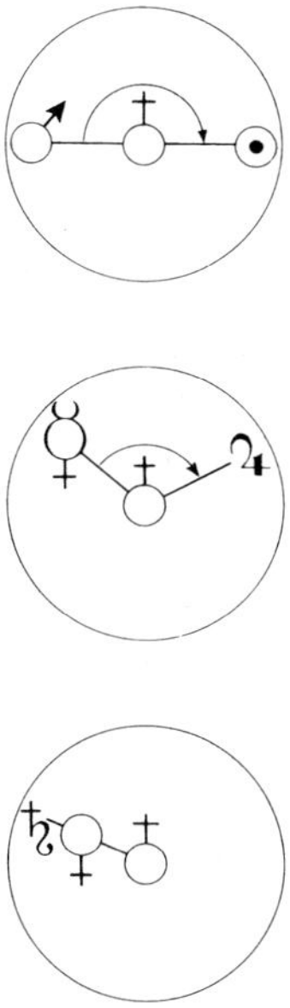

**Las posiciones de los planetas que aparecen en la figura pueden cambiar los impulsos sobre las plantas que normalmente aportaría la constelación ante la que pasa la Luna (la Tierra está siempre en el medio).**
**Arriba: Oposición planetaria entre Marte (izquierda) y Sol (derecha).**
**En medio: Trígono de Mercurio (izquierda) y Júpiter (derecha).**
**Abajo: Conjunción de Saturno (izquierda) y Venus (enmedio).**

**Cuando dos planetas se cruzan, en los puntos de corte de sus órbitas (nodos), se producen, entre otros efectos impulsos negativos para las plantas. Son eclipses y en esos días no se debería sembrar.**

tas pueden cambiar los impulsos, las posiciones de los trígonos pueden activar otro elemento diferente al que la Luna iba a transmitir ese día. Las acumulaciones de conjunciones actúan de forma negativa.

El día en que la Luna ascendente o descendente corta la órbita de la Tierra (eclíptica) tiene efectos negativos. El efecto negativo aumenta cuando la Luna y los planetas se encuentran en los puntos de corte de sus órbitas, llamados nodos (véase ilustración arriba derecha). Aparecen entonces los eclipses u ocultaciones, y los planetas más próximos a la Tierra interrumpirán o cambiarán el efecto del planeta más alejado de la Tierra. Estos días no son favorables para la siembra ni para la recolección.

Esta breve exposición sólo es una visión somera sobre el modo de hacer cálculos sobre el cosmos.

No se necesita conocimientos

astronómicos para seguir los consejos del *Calendario de agricultura biodinámica*. Todos estos efectos distorsionados o negativos están considerados en ese calendario.

## Los planetas y sus efectos sobre la Tierra

Al igual que el Sol y la Luna, los planetas se sirven de los elementos clásicos calor, tierra, aire/luz y agua, como intermediarios en la Tierra para actuar en la formación del clima (véase la tabla 2).

Cuando los planetas clásicos pasan ante constelaciones zodiacales con las que tienen en común el efecto del elemento, aumenta dicho efecto (por ejemplo Mercurio ante Aries). Por el contrario, se reduce el efecto o no se refleja en la Tierra, cuando un planeta pasa ante una constelación que se corresponde con otro elemento. He aquí unos ejemplos.

Cuando un planeta de Calor como Mercurio pasa ante Aries, entonces se aumenta su efecto; si pasa ante Tauro no se notará su efecto caldeante, ya que puede cambiar a efecto refrigerante. Cuando Mercurio pasa ante un signo de Agua como Escorpio, entonces pueden producirse precipitaciones por el efecto caldeante.

Cuando Venus pasa ante un signo de Aire/Luz, como Libra, tendremos seguramente un día de cielo azul, largos momentos soleados y una atmósfera clara. Cuando Venus pasa ante un signo de Tierra como Virgo, hay una tendencia a noches frías con formación de niebla. Ante constelaciones de Agua, no podrá actuar

**Tabla 2. Correspondencia comprobada entre astros, elementos y constelaciones zodiacales**

| Astro | Elemento | Constelaciones zodiacales |
|---|---|---|
| Saturno, Mercurio, Plutón | Calor | Aries, Leo, Sagitario |
| Sol | Tierra | Tauro, Virgo, Capricornio |
| Júpiter, Venus, Urano | Aire/Luz | Géminis, Libra, Acuario |
| Marte, Luna, Neptuno | Agua | Cáncer, Escorpio, Piscis |

**Colirrábano blanco variedad Roggli`s.**
**La siembra en un día de hoja produce colirrábanos redondo-achatados y muy tiernos.**
**Los colirrábanos sembrados en días de fruto desarrollaron ejemplares algo alargados y que fácilmente se vuelven fibrosos.**
**La siembra de colirrábanos en días de raíz produce frutos con zonas costrosas que pronto se lignifican.**
**Los colirrábanos sembrados en días de flor dieron ejemplares que a partir del medio se estiraron hacia arriba, hacia la flor.**

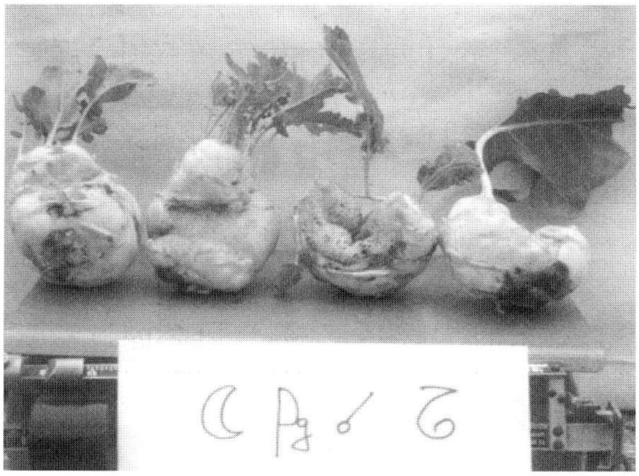

**Estos colirrábanos fueron sembrados en perigeo. La mitad de las 50 plantas dieron este tipo de ejemplares.**

el efecto aéreo/luminoso de Venus. Cuando la Luna y los planetas que actúan sobre el elemento Agua pasan por una región del Zodiaco que también se manifiesta a través del Agua, entonces tenemos que contar con períodos de precipitaciones.

Existen muchos más factores influyentes, como las oposicion de planetas entre ellos o con respecto al Sol. En este caso se transmiten fuerzas que fomentan el crecimiento.

El planeta Urano tiene relación con la electricidad, Neptuno con el magnetismo y Plutón con la actividad volcánica.

# EL CALENDARIO DE AGRICULTURA BIODINÁMICA

Los efectos de los planetas, constelaciones y otros factores de más allá de la atmósfera de la Tierra son, según nuestra experiencia, de importancia decisiva para el agricultor. Anualmente editamos un calendario, pequeña publicación en la que se puede consultar esos días favorables y desfavorables del año correspondiente, para la siembra, plantación, cuidados, recolección y elaboración de conservas.

Puede adquirir esta publicación en librerías o solicitarla directamente a la editorial.

**Símbolos astronómicos** / **Abreviaturas**

| Constelación | Planeta | Posición | Tendencia a |
|---|---|---|---|
| ♓ Piscis | ☉ Sol | Luna llena | Td Tempestad |
| ♈ Aries | ♀ Venus | Luna nueva | Ta Tormenta |
| ♉ Tauro | ☿ Mercurio | ☊ Nodo ascendente | To Terremoto |
| ♊ Géminis | ♂ Marte | ☋ Nodo descendente | DC Día conflictivo |
| ♋ Cáncer | ♃ Júpiter | ◡ Luna ascendente | E Erupción |
| ♌ Leo | ♄ Saturno | ◠ Luna descendente | P Precipitaciones |
| ♍ Virgo | ♅ Urano | Pg Perigeo (Luna cerca) | G Granizo |
| ♎ Libra | ♆ Neptuno | Ag Apogeo (Luna lejos) | In Inestabilidad |
| ♏ Escorpio | ♇ Plutón | Eclipse | |
| ♐ Sagitario | ♁ Tierra | Eclipse | |
| ♑ Capricornio | | △ Trígono | **Tiempo de plantación** |
| ♒ Acuario | | ☍ Oposición | * Inicio |
| | | ☌ Conjunción | # Fin |

**Diciembre**

| Día ☾/constel. | Posiciones | Elemento | Órgano estimulado por ☾ o planetas | Tendencia |
|---|---|---|---|---|
| 1. Vi ♑ | ☉ - ♏ Ag1 | Tierra | Flor hasta 4, desde 5 Raíz | |
| 2. Sa ♒ 21 | | Tierra/Luz | Raíz hasta 20, desde 21 Flor | |
| 3. Do ♒ | | Luz | Flor | |
| 4. Lu ♓ 22 | | Luz/Agua | Flor hasta 21, desde 22 Hoja | |
| 5. Ma ♓ | | Agua | Hoja hasta 15 ------------- | |
| 6. Mi ♓ | | Agua | ------------------------- | E, Td |
| 7. Ju ♈ 21 | | Agua/Calor | Hoja desde 4 hasta 20, desde 21 Fruto | DC |
| 8. Vi ♈ | | Calor | Fruto hasta 18 ----------- | |
| 9. Sa ♉ 15 | ☿☋9 | Calor/Tierra | ------------ Raíz desde 18 | |
| 10. Do ♉ | | Tierra | Raíz | |
| 11. Lu ♉ | (Luna llena) | Tierra | Raíz | E |
| 12. Ma ♊ 2 | ◠23 Pg24 | Luz | Raíz hasta 7, desde 8 hasta 15 Flor | |
| 13. Mi ♋ 23 | ☊4 | Luz/Agua | ----------- desde 15 Flor * Inicio plantación 15 | |
| 14. Ju ♋ | | Agua | Hoja hasta 8und desde 16 | |
| 15. Vi ♌ 9 | | Agua/Calor | Hoja hasta 8, desde 9 Fruto | |
| 16. Sa ♌ | | Calor | Fruto | E |
| 17. Do ♍ 20 | | Calor/Tierra | Fruto hasta 19, desde 20 Raíz | |
| 18. Lu ♍ | | Tierra | Raíz | |
| 19. Ma ♍ | | Tierra | Raíz | Td |
| 20. Mi ♍ | ☉ - ♐ | Tierra | Raíz | E, Td |
| 21. Ju ♎ 7 | | Tierra/Luz | Raíz hasta 6, desde 7 Flor | |
| 22. Vi ♏ 18 | | Luz/Agua | Flor hasta 17, desde 18 Hoja | |
| 23. Sa ♏ | | Agua | Hoja | Td |
| 24. Do ♏ | | Agua | Hoja # Fin plantación 24 | Ta |
| 25. Lu ♐ 6 | (Luna nueva) ☉(Eclipse)19 | Agua/Calor | Hoja hasta 5, v. 6 - 12 Fruto Navidad | Ta |
| 26. Ma ♐ | ◡11 ☋17 | Calor | ------------ Fruto desde 19 | |
| 27. Mi ♑ 19 | | Calor/Tierra | Fruto hasta 18, desde 19 Raíz | |
| 28. Ju ♑ | Ag17 | Tierra | Flor hasta 19, desde 20 Raíz | Td |
| 29. Vi ♑ | | Tierra | Raíz | Td |
| 30. Sa ♒ 4 | | Tierra/Luz | Raíz hasta 3, desde 4 Flor | Dc, Td |
| 31. Do ♒ | | Luz | Flor | |

40

**Anotaciones**

1.
2.
3.
4.
5.
6.
7.
8.
9.
10.
11.
12.
13.
14.
15.
16.
17.
18.
19.
20.
21.
22.
23.
24.
25.
26.
27.
28.
29.
30.
31.

**Comentarios a diciembre**

Mercurio ante Escorpio provocará tendencia a precipitaciones. El día 21 acompañará a Venus, que desde el 6 se encuentra ante la región profundamente invernal de Capricornio. Todos los planetas, excepto Plutón, se mantienen en regiones que transmiten fuerzas del elemento Tierra, lo que significaría "tiempo de frío glacial". En tales momentos, hemos observado que los efectos de las constelaciones se equilibran entre sí, ya que evolutivamente no es un momento de era glacial.

★ Tiempo de plantación del 13 a las 15 h. hasta el 24 a las 24 h.

Para quienes deseen cortar su propio árbol de Navidad es recomendable el día 12 hasta las 15 h. o los días 21 y 22. El tiempo de plantación va bien para cortar leña, evitando los días con guiones. Sembrar los árboles de Mercurio y Saturno del 30 de noviembre al 1 de diciembre. Cortar los árboles de Mercurio y Saturno los días 2 y 3.

El primer día de Navidad tenemos el quinto eclipse de Sol de este año.

Pueden hallar las correspondencias entre árboles y planetas en nuestra publicación "Árboles, maderas y planetas" ¡un buen regalo de Navidad! [No traducido al español.]

Por deseo de muchos de nuestros lectores, he aquí la oración de bendición de mesa de Rudolf Steiner:

**Germinan las plantas en la noche de la tierra**
**nacen las hierbas por la fuerza del aire**
**maduran los frutos por el poder del Sol.**

**Así germina el alma en el centro del corazón**
**nace la fuerza del espíritu a la luz del mundo**
**madura la fuerza del hombre al reflejo de Dios. (3)**

Deseamos a nuestros lectores un buen fin del segundo milenio y un buen comienzo y salud en el comienzo del tercer milenio.

41

# LA SIEMBRA

El momento que más influye en el crecimiento de la planta es la siembra. El momento favorable depende del órgano de la planta que se desea cosechar. Si se trata de semillas de zanahorias, entonces es la raíz lo que se va a recolectar. Por tanto la siembra se hará en un día que favorezca a la raíz (véase la tabla 1, página 12). Según nuestros ensayos, llevados a cabo a lo largo de muchos años, cabe distinguir cuatro grupos de plantas: de raíz, de hoja, de flor y de fruto. La siembra de plantas de raíz habrá de hacerse en los días de raíz, la de las plantas de hoja en los días de hoja, etc. (véase las ilustraciones de la cubierta posterior).

Las plantas no citadas pueden ubicarse simplemente pensando en el órgano de la planta que se desee recolectar y éste determinará el día de siembra.

## Las plantas que se siembran en los días de raíz

El «fruto» de estas plantas se forma en el ámbito de la raíz. Entre ellas están el apionabo, colinabo, zanahoria, pastinaca, rabanito, rábano, remolacha, escorzonera y perejil de raíz. El mejor rendimiento y capacidad de conservación de estas hortalizas se obtiene si se las siembra en los días de raíz. También es recomendable sembrar en estos días la patata, cebolla y ajo.

## Las plantas que se siembran en los días de hoja

Este grupo lo forman la mayoría de las coles, colirrábano, coliflor –pero no el bróculi, planta de

**La siembra influye de forma decisiva sobre la futura planta.**

**Cestos con espinacas: Las sembradas en días de hoja rindieron el 30% más que en otros días.**

**Las judías son plantas de fruto.**

flor–, lechuga, hierba de los canónigos, escarola, achicoria, espinaca, espárrago, hinojo, césped, perejil y hierbas aromáticas que no contengan aceites esenciales.

## Las plantas que se siembran en los días de fruto

Este grupo lo componen todas las plantas que dan su fruto en la semilla, como las legumbres y cereales, tomate, pimiento, calabaza, calabacín y pepino.

**Al cultivar para recolectar las semillas, hay que escoger las plantas que antes dieron un «fruto» muy bueno. En las fotos se ve una planta de rabanito en flor (arriba) y un bróculi en flor (abajo).**

## Las plantas que se siembran en los días de flor

A este grupo pertenecen las flores, bulbos de flores, el bróculi, muchas plantas medicinales y las plantas con las que se elabora los preparados de biodinámicos para el compost (véase la página 40). En los días de flor no sólo se siembra, sino que también se cultivan estas plantas.

## La semilla

Para conseguir buenas semillas, no sólo es importante obtenerlas uno mismo, también es decisiva su calidad. La semilla tiene que ser capaz de facilitar a la planta un crecimiento sano, sin que sufra infestaciones fúngicas. La planta a su vez tiene que llegar a formar el fruto y la semilla. Las plantas para consumo, muchas veces forman un órgano vegetal completo (N. de T.: raíz, repollo, etc.) que serviría de alimento si no se pretendiera recoger su semilla.

Por ejemplo, las semillas recogidas de una lechuga que antes no ha dado lechugas bien formadas, tampoco desarrollarán lechugas bien formadas. La siembra y tra-

bajos de cultivo de la lechuga se harán en días de hoja. Cuando ya se ha formado toda la lechuga, entonces los días de cultivo serán los días de fruto y de fruto/semilla. La planta podrá formar entonces unas semillas buenas y sanas. Su recolección se hará sin embargo en un día de hoja, y así darán lechugas tiernas. Lo mismo se hará con la coliflor y el colirrábano.

Muchos tipos de coles, zanahoria, apio y remolachas de mesa y

**Producción de semilla tomando como ejemplo una lechuga de cogollo.**
**1. La siembra se hará bajo los impulsos favorables de un día de hoja.**
**2. Todos los trabajos de cultivo se llevarán a cabo en los días de hoja, hasta que crezca toda la lechuga.**
**3. Cuando la lechuga esté madura para la recolección, los días de cultivo se realizarán en los días de fruto y de fruto/semilla, para que la planta pueda formar una semilla sana.**
**4. La semilla se recogerá en un día de hoja, así las plantas obtendrán la fuerza para conformar el «fruto» que ha de crecer de esa semilla: la lechuga de cogollo del año siguiente.**

forrajeras se almacenan en invierno para que al año siguiente den semillas. En la primavera se replantarán y cultivarán en un día de fruto y fruto/semilla. Pero la semilla se recogerá en un día del año próximo que corresponda al órgano del «fruto», por ejemplo en un día de raíz en el caso de las zanahorias.

Cuando la remolacha, el apio o el rábano se espigan en el primer año de cultivo, entonces la semilla nacida de estas plantas no dará al año siguiente raíces buenas.

Si las plantas de fruto, como el pepino o el tomate, se cultivan para recoger sus semillas, es recomendable su siembra bajo el impulso de Leo, es decir en un día de fruto/semilla. Los demás trabajos de cultivo pueden hacerse en días de fruto o de fruto/semilla. La recogida será sin embargo de nuevo en un día de fruto/semilla (impulso de Leo).

Si no es posible sembrar en un día favorable, es imprescindible que se realicen los trabajos de cava en días de influencia positiva. De esta manera se mengua el impulso cósmico negativo del día de la siembra.

## LOS TRABAJOS DE CAVA

En todo movimiento de tierra, es decir también en la cava y la siembra, pueden introducirse las fuerzas cósmicas en la tierra, influyendo positiva o negativamente en el desarrollo de la planta. Por eso es muy importante escoger las épocas favorables de cada planta. Si el mal clima impide aprovechar los días favorables, hay que esperar a que pase la Luna ante el mismo trígono de fuerzas, unos nueve días después.

**Para los trabajos de cava va bien elegir por sistema los mismos días que para la siembra.**

Los trabajos de cava que se realizan en días desfavorables debilitan el efecto de un día de siembra o plantación positivo.

Esto significa que para los trabajos de cava hay que buscar los mismos impulsos que también actuaron en la siembra. Por ejemplo la lechuga se siembra en un día de hoja y se cava también en un día de hoja (véase las ilustraciones de la portada trasera).

Basta cavar hasta unos tres centímetros de profundidad; más no es conveniente. De esta forma el aire, con su gran proporción de nitrógeno, se introduce en la tierra. Después de trabajar correcta-

mente la tierra en otoño (véase la página 32 y siguiente), se encuentran suficientes bacterias en ella, que fijan el nitrógeno en los componentes más minerales. De esta manera se produce un ligero efecto de abono, según hemos podido comprobar.

Las horas del día también sirven para los trabajos de cava. Por la mañana, la tierra espira. Al cavar por la mañana una tierra demasiado húmeda, ésta puede espirar la humedad. En las últimas horas de la tarde, la tierra inspira. Al cavar por la tarde una tierra demasiado seca, ésta puede inspirar la humedad del entorno y absorberla (véase la página 67 y siguientes).

Las cavas comparativas dieron los siguientes resultados:

- La cava en días de raíz fomenta la fijación del nitrógeno.
- La cava en días de hoja activa los procesos del calcio.
- La cava en días de flor aumenta la actividad del potasio y fósforo.
- La cava en días de fruto estimula los procesos del azufre.

**La lechuga de cogollo es una planta de hoja.**

## LA PLANTACIÓN

La plantación o trasplante es el cambio de un lugar a otro de plantas jóvenes, árboles pequeños y otras plantas. La época de plantación ha de ser durante la Luna descendente (no confundir con la Luna menguante; véase la ilustración de la página 1).

¿Qué es la época de la Luna descendente? la Luna rodea a la Tierra en alrededor de 27 días. Desde el punto más bajo (en la región de Sagitario) al más alto (en la región de Géminis) la Luna asciende; del más alto al más bajo, la Luna desciende.

Durante la fase descendente, la Tierra inspira, las fuerzas y la savia se concentran en la parte baja de la planta. El crecimiento de la raíz será mejor y tendrá más fuerza, lo que supone una ventaja después de un trasplante. Durante la fase ascendente, la Tierra espira y las fuerzas se concentran en los órganos superiores de la planta.

La fase de la Luna descendente es muy apropiada no sólo para la plantación, sino también para el abono de praderas y pastos, para la siembra de leguminosas y de abonos verdes.

En el Hemisferio Sur, las relaciones descritas se invierten.

**Se plantará en la fase de la Luna descendente, ya que las fuerzas fluyen con más intensidad a la parte baja de la planta. De esta manera, la raíz se formará mejor y más rápida (véase la ilustración de la página 1)**

Si se trasplanta las plantas de hoja en días de Luna descendente (es decir la época de plantación) y en días de hoja, como Cáncer o Escorpio, entonces el impulso positivo se aumenta aún más. Lo mismo sucede en el trasplante de plantas de raíz durante la época de plantación en los días de raíz, es decir Virgo, o en el caso de los pepinos y los tomates, en los días de fruto y semilla de Leo.

Para la plantación de bulbos de flor es recomendable la época de plantación en noviembre en un día de flor.

Los tulipanes (arriba) y los narcisos (abajo) nacen de bulbo. Es recomendable que la plantación de los bulbos se haga en noviembre, en un día de flor, durante la época de plantación (Luna descendente).

## LA MULTIPLICACIÓN POR ESQUEJES

Los esquejes de las plantas han de echar pronto raíz, por lo que su plantación se realizará en la fase de la Luna descendente (véase el apartado anterior sobre la plantación). Las fuerzas se dirigen a la formación de la raíz, produciéndose un enraizamiento óptimo y rápido. Se ha de tener en cuenta además los tipos de fruto, es decir si se trata de plantas de hoja, plantas de flor, etc. Los esquejes foliares de una violeta, una planta de flor, florecen mejor cuando se les planta estando la Luna ante Géminis.

Los tallos para los esquejes se cortarán durante la época de Luna ascendente y se conservarán en un lugar fresco. Se les puede envolver en un papel humedecido y luego plantarlos en la época de plantación. Tanto al cortar como al plantar es recomendable tener en cuenta el tipo de «fruto».

**Corte de un esqueje de fucsia**

## LA COSECHA Y LA CONSERVACIÓN

Los mejores días de cosecha son por lo general los días más favorables para la siembra. Esto quiere decir que las plantas de raíz se recolectarán en los días de raíz, las plantas de flor en los días de flor y las plantas de fruto en los días de fruto.

Los días de hoja son una excepción: siempre son desfavorables para la cosecha de verdura que ha de almacenarse. La verdura no se conserva mucho tiempo. En su lugar, conviene escoger un día de flor o un día de fruto. Las coles se recolectarán en un día de flor. Repito: esto es sólo para las hortalizas que van a almacenarse. Si se recoge la hortaliza fresca para consumirla directamente, no es necesario tener en cuenta el día. En este caso lo que importa es que cuanto más fresca sea, mejor.

Los días óptimos para cosechar fruta son los días de fruto durante la época de Luna ascendente; para cosechar plantas de raíz, los días de raíz durante la época de la Luna descendente. La causa ya está explicada en el apartado anterior: las fuerzas de la savia fluyen hacia arriba durante la Luna ascendente y hacia abajo durante la Luna descendente. Merece la pena recolectar las fresas en un día de flor o en un día de fruto, pues su sabor es más intenso y se conservan frescas más tiempo. Para las hierbas culinarias y medicinales es recomendable recolectar las de hoja y flor en los días de flor, las semillas y los frutos silvestres en los días de fruto y las raíces en los días de raíz. Seguir estas reglas, recompensa con un buen aroma. Para el almacenamiento conviene elegir los días de flor.

**Para recoger la fruta se escogen los días de fruto. Tendrán que ser los días de Luna ascendente, ya que las fuerzas fluirán más intensamente hacia la parte superior de la planta. Su capacidad de conservación mejorará considerablemente.**

**Recolección de la fruta.**

Por la mañana, las fuerzas van de abajo arriba, por eso es el momento más favorable del día para cosechar las plantas de hoja. En la foto, un repollo.

Por la tarde, las fuerzas van de arriba abajo. Es el mejor momento del día para recoger las raíces, como las cebollas.

**Tabla 3. Época de recolección. Por supuesto que la hortaliza que se consuma el mismo día, se recolectará cuanto más fresca mejor y no se tendrá en cuenta el día que es.**

| Planta | Época de recolección | Singularidad |
|---|---|---|
| Raíces para guardar en invierno | Días de raíz durante la Luna descendente | Nunca en día de hoja |
| Fruta | Días de fruto | La cosecha de fruta para guardar se hará durante la Luna ascendente |
| Hojas | Almacenamiento en los días de flor o de fruto, incluidas las hierbas o partes foliares para infusiones; también coles o para la preparación de col fermentada | |
| Flores | Días de flor | |

Lógicamente, las hierbas condimentarias que se utilizan el mismo día se cortarán frescas, independientemente del día que es.

Todo lo que sirve para la recolección, se aplica de igual modo para los procesos de conservación: para la elaboración de zumo, jalea, mermelada, fermentación láctica de hortalizas, col fermentada y secar fruta.

## La hora del día

Al amanecer y por la mañana, las fuerzas van de abajo arriba. La lechuga recogida a estas horas del día se mantendrá más tiempo fresca.

Por la tarde y la noche, las fuerzas fluyen hacia abajo, hacia el ámbito de la raíz. Por ello son los mejores momentos para recoger las raíces.

A mediodía no debería recolectarse nunca, es un momento desfavorable.

## LA TIERRA DE CULTIVO

La base de la tierra de cultivo son las rocas, que por influencia de los elementos agua, aire, luz y calor se van erosionando. Según cómo sea esta roca madre, se formarán tierras con diferentes características, por ejemplo una tierra caliza o una tierra silícea. La roca erosionada es el componente mineral o inorgánico de la tierra de la huerta. Sólo con él no se puede cultivar, para ello hace falta las sustancias orgánicas. Los organismos subterráneos van combinando los componentes inorgánicos y orgánicos para formar una nueva unidad que da como resultado una tierra fértil. Entonces la tierra tiene vida. Con la ayuda de las fuerzas vitales que nacen de la materia orgánica, se eleva el grado de vitalidad del componente mineral en la dirección de la planta.

La roca madre es la base. Cuando la roca se erosiona, aparece la arcilla. La vida viene de la planta. La fermentación del compost guarda esa vida. El compost,

**Desde hace muchos años, los experimentos con girasol (al fondo) y lino (delante) confirman repetidamente que la siembra en días de fruto contribuyen a una mayor producción de semilla.**

transformado en mantillo, da luego vida a la arcilla.

La fuerza del instinto es propia de los animales. Cuando muere el animal, su alma se disipa y la fuerza del instinto queda unida al cuerpo muerto y se descompone con él. Durante el proceso de la fermentación, la fuerza del instinto se transforma en un proceso vital y sensorial gracias a los organismos subterráneos. Si se abona con cuernos, huesos, piel, pelos, plumas, lana o cerdas en polvo, sin que hayan pasado por el compost, entonces la fuerza del instinto pasa a la planta y atrae a las plagas animales.

Estos tres factores: la arcilla (del mineral), la vida (del vegetal) y las sensaciones (del animal), hacen posible que la tierra de cultivo pueda captar las fuerzas cósmicas cuando el ser humano cultiva la tierra. Si el agricultor aprovecha los impulsos cósmicos favorables (véase la página 22 y siguiente) podrá cultivar unas plantas sanas que van a nutrir al ser humano de forma sana.

## El análisis de tierra

Siempre hemos comprobado que los análisis de tierra difieren unos de otros cuando el Sol pasa ante una u otra constelación. Por eso, los análisis sólo pueden compararse entre sí, si los tomamos siempre en el mismo momento del año.

En el Hemisferio Norte, la mayor fijación de nitrógeno en la tierra ocurre cuando el Sol pasa ante Tauro y Virgo. En el Hemisferio Sur cuando pasa ante Capricornio.

La Luna también influye sobre el nivel de nitrógeno durante los trabajos de cava. Los mayores niveles de nitrógeno aparecen al hacer los trabajos de cava estando la Luna ante Tauro, Virgo y Capricornio.

## La labranza

Durante la labranza, las fuerzas cósmicas se introducen en la tierra. Por tanto los trabajos de cava se realizarán sólo en días que favorezcan el crecimiento de la planta. Los mejores momentos son los mismos que para la siembra. Por ejemplo las plantas de hoja como la lechuga, se siembran y cavan en días de hoja (véase la portada posterior). Las excepciones están en la página 100.

Teniendo en cuenta la época de cava, podemos provocar a nuestro favor la germinación de las semillas de las «malas» hierbas (véase las páginas 71 y siguientes, y la página 34). Es perjudicial cavar en mediodía.

### *En otoño*

Una vez recolectados los cultivos, se puede empezar con los trabajos preparativos para el año siguiente. Si se dispone de suficiente tiempo, después de labrar toda la superficie, se siembra un abono verde, eligiendo naturalmente las especies que se complementen con los cultivos (véase la página 57 y siguientes).

Al menos cada tres años habría que levantar las parcelas en grandes terrones, dejándolos al descubierto todo un invierno. De esta manera, la tierra puede absorber las fuerzas cósmicas durante el invierno. En la Universidad de Giessen, durante 23 años se realizaron ensayos bajo la dirección del profesor Boguslawski y el Dr. Debruck con diferentes métodos de labranza. Se llegó a la conclusión de que el laboreo de invierno ofrecía los mejores resultados en comparación con otros métodos.

La Naturaleza también posee este impulso que deja la tierra al descubierto en invierno. Cuando

**Laboreo de invierno. Desde hace décadas comprobamos en ensayos comparativos que la mejor calidad de la tierra en primavera se obtiene habiendo realizado antes el laboreo de invierno.**

**La tierra de los montoncitos de los topos es muy fértil, ya que ha estado expuesta a las benéficas fuerzas del invierno.**

en los inviernos cálidos hay demasiada humedad en la tierra de las praderas bajas, los topos las pueblan con sus montoncitos. La tierra se expone así a las fuerzas cósmicas del invierno. Los labradores conocen muy bien las ricas propiedades de la tierra de estos montoncitos y la utilizan para los semilleros o para abonar praderas.

### *En primavera*

La labranza empieza en primavera cuando la tierra ya está seca. Entonces se trabaja bien para la siembra.

Cuando la parcela ha tenido muchas malas hierbas, merece la pena labrar estando la Luna ante Leo. De esta manera se estimula la germinación de las hierbas. Se deja descansar la tierra durante los 10 o 15 días siguientes y se espera a una constelación favorable para la siembra prevista, por ejemplo un día de raíz para la siembra de hortalizas de raíz. Una vez llegado el momento, se remueve de nuevo la tierra con las hierbas germinadas, se escarifica. Después se siembra. Preparadas así las parcelas, no hay más problemas con las hierbas (véase la ilustración).

No conviene abonar en primavera, pues el efecto estimulante del abono atrae plagas. Hay que abonar en otoño.

### *La profundidad del laboreo*

Los impulsos cósmicos actúan más intensamente si antes de la siembra se labra la tierra hasta unos 10 cm de profundidad.

Sin embargo después no hay que escardarla a una profundidad mayor de 3 cm. Esto hace que entre aire en la tierra y las fuerzas cósmicas puedan penetrarla. Los trabajos de cava alteran las cantidades de nitrógeno, calcio, potasio, fósforo y manganeso así como de otros oligoelementos. No cavar la tierra y dejarla acolchada continuamente, no permite conseguir nada de esto.

### La temperatura de la tierra

El momento en que empieza a calentarse la tierra es de importancia decisiva. Al empezar a actuar el elemento calórico, sobreviene la actividad mineral y después seguirá rápidamente el desarrollo vegetal. Esta fecha aparece todos los años en el *Calendario de agricultura biodinámica* y puede situarse desde finales de marzo hasta mediados de mayo, según la situación cósmica.

**Laboreo en primavera en una parcela con muchas hierbas.**
**Cuando la Luna está ante Leo, la tierra ya seca se labrará bien. Bajo esta constelación germinarán muchas semillas de hierbas.**
**Después se deja descansar la tierra de 10 a 15 días y se espera a una constelación favorable para la siembra prevista. De nuevo se labra la tierra, escardando las hierbas germinadas.**
**Ya se puede sembrar o plantar, por ejemplo lechugas en un día de hoja con Luna descendente.**

## EL ACOLCHADO

El acolchado consiste en cubrir la tierra con materiales orgánicos (hojas o césped cortado y seco) o materiales inorgánicos (plástico). Aquí sólo escribo de los primeros.

El acolchado ofrece la ventaja de no dejar crecer las hierbas y en época de sequía protege a la tierra. Pero también tiene importantes desventajas. Este manto sirve de cobijo y nido a muchas plagas, especialmente caracoles y babosas. Hay que sopesar muy bien qué se desea obtener con el recubrimiento de la tierra.

Nosotros nunca cubrimos nuestras tierras, pues las desventajas mencionadas son muy importantes.

**Así son los composteros de nuestra huerta.**

Por suerte, en los últimos años la preparación del compost ha encontrado muchos seguidores. No sólo no es «una tontería» sino que es el oro del huerto. Se recomiendan muchos procedimientos para la preparación del compost: desde utilizar las sobras de la cocina hasta ponerlo en un lombricompostero o contenedores caros. Desde hace años utilizamos un método sencillo y barato, que da muy buen resultado.

Para ello se necesitan cuatro estacas y algunos listones sin tratar, de alrededor de un metro de longitud (N.d.T.: por ejemplo procedentes de palets de transporte inservibles). En un lugar sombreado del huerto se clava las estacas en la tierra, a una distancia de menos de un metro entre sí y formando un cuadrado. Se coloca los listones cruzándose en el interior del cuadrado formado por las estacas. Se pone sobre la tierra un poco de mantillo, ya que así el proceso de descomposición irá más rápido. En este cuadrado se pone capa a capa la basura orgánica diaria y se la humedece.

**Desde hace muchas décadas practicamos este método de preparación del compost. Formando un cuadrado clavamos en la tierra cuatro estacas de las empleadas para enramar tomateras. La distancia entre las estacas es de un metro. Es importante colocarlas en un lugar sombreado. Insertamos listones de tejado de 1,25 m en la parte interior de las estacas. Encima de un poco de mantillo completamente fermentado, en contacto directo con la tierra, ponemos basura orgánica bien mezclada y siempre la recubro. De vez en cuando echamos en el montón un puñado de huesos o cuernos en polvo o guano. A medida que va subiendo el montón, voy añadiendo más listones. Una vez al mes lo regamos con el preparado combinado de estiércol, que acelera la descomposición. Cuando el montón de compost alcanza la altura de medio metro, añadimos los preparados del compost. Es muy importante que el montón siempre este bien húmedo.**

Siempre conviene tapar el montón con una estera de paja o de caña, o con un retal de alfombra. De vez en cuando se puede echar un puñado de huesos o cuernos en polvo o guano. Es importante que siempre esté húmedo. La descomposición se acelera si se le riega una vez al mes el preparado combinado de estiércol. El agricultor biodinámico añade los preparados del compost cuando el montón ha alcanzado la altura de medio metro. Los horticultores aficionados pueden adquirir estos preparados y utilizarlos según se indica en la bibliografía.

Los experimentos demuestran que la descomposición se acelera y disminuyen las pérdidas de sustancias si se humedece bien el montón de compost, se utilizan los preparados del compost y se cubre con una fina capa de serrín. Al cabo de un año utilizamos el mantillo así preparado.

Es recomendable no echar determinadas sustancias en el compost, como cáscaras de cítricos o plátanos que no proceden de cultivos ecológicos. Las cáscaras se enmohecen y crean antibióticos, que a su vez perturban a los microorganismos encargados de la descomposición. Se puede dejar fermentar las cáscaras en un recipiente cerrado con agua y luego echarlas al compost, pues de esta manera ya no alteran la descomposición.

**Primera descomposición del compost de estiércol, con el hongo de la tinta. Estos hongos requieren luz y emiten sus setas al exterior del montón, cuando éste se halla lo suficientemente húmedo.**

**La segunda etapa de los hongos se desarrolla en el interior del compost. Aquí, en el proceso de descomposición, trabajan hongos Pequeños, del tipo de los champiñones.**

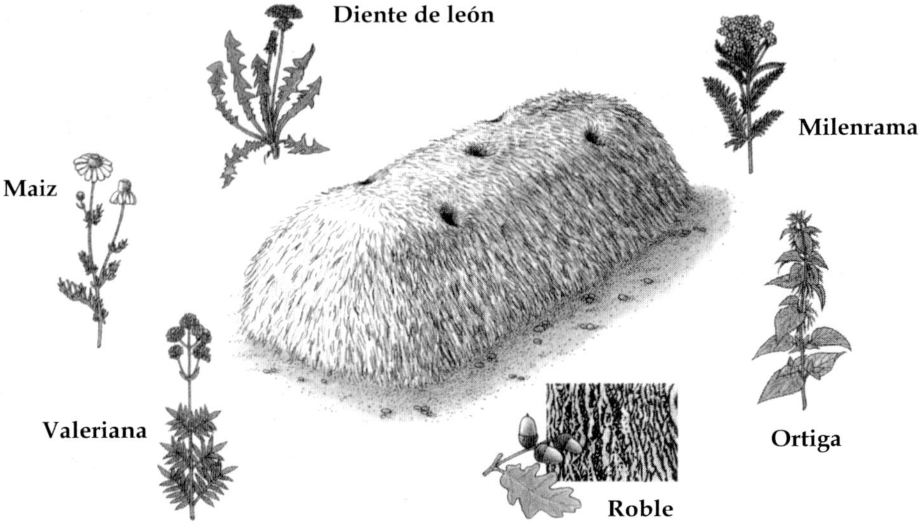


**Una vez amontonado el compost, se le añade diversos preparados para que empiece a realizarse una descomposición armoniosa. Los preparados se elaboran a base de flores de milenrama y manzanilla, la planta entera de la ortiga, corteza de roble y flores de diente de león, y se aplican, siguiendo las instrucciones, en pequeños orificios hechos en el montón. El último preparado, elaborado con flores de valeriana, se riega al final con una regadera sobre todo el montón.**

Las hierbas que se reproducen fácilmente, por ejemplo mediante rizomas, se sienten muy bien en el compost. Se reproducen muy fácilmente y volverían a la parcela con el compost completamente fermentado –el mantillo–. Por eso conviene ponerlas en agua para hacer un purín, antes de añadirlas al compost. Es el caso por ejemplo de la grama (*Agropyron repens*) y la hierba de los gotosos (*Aegopodium podagraria*) (véase la página 76 y siguiente). Se dice que el mantillo hace proliferar las hierbas. Esto puede ocurrir cuando se prepara mal el compost. Si se echa al compost hierbas en flor o que ya tienen semilla, hay que cuidarse de que las semillas terminen de germinar, antes de llevar el mantillo a las parcelas. Si se mantiene bien húmedo el compost, las semillas germinan, pero al no encontrarse en el medio adecuado, mueren pronto.

Todos los restos de estiércoles y basura orgánica deben pasar el proceso del compostaje. Si por ejemplo se echa a la tierra sustancias procedentes de animales como cerdas, restos de cuernos o huesos sin haber pasado por el compost, entonces aumentará la invasión de parásitos y hongos.

El mantillo, en comparación con el estiércol fresco (que no ha pasado el proceso de fermentación) tiene ventajas. Obtuvimos el mismo efecto con 10 toneladas por hectárea de mantillo que con 40 t/ha de estiércol fresco. Además, numerosos ensayos han demostrado que las sustancias orgánicas, sólo a través del proceso de descomposición llegan a ser capaces de enriquecer la tierra y velar por un desarrollo sano de la planta.

## El compost vegetal

En ensayos con mantillo creado sin sustancia animal alguna añadida, obtuvimos resultados asombrosos. Fue positivo que las plantas se desarrollaran sin infestaciones fúngicas, que las plagas de parcelas limítrofes abonadas de distinta manera no pasaran a estas parcelas. Pero las plantas cultivadas con mantillo de origen

**Campos de ensayo con espinacas sembradas en días de hoja (delante), que son las que mejor crecen. Las plantas sembradas en perigeo (en medio) son pequeñas y tienen pulgones. Las espinacas sembradas en un día de fruto (detrás de las cebollas) forman ya semilla.**

**La lechuga de cogollo, por ejemplo, pierde su capacidad de formar el cogollo si durante años sólo se la abona con mantillo procedente de un compost al que no se le añadió ninguna sustancia animal.**

vegetal perdían a lo largo de los años su capacidad para formar «fruto», por ejemplo la inflorescencia de la coliflor y el repollo de la lechuga de cogollo.

## El compost y las malas hierbas

Si se tiene grandes cantidades de hierbas con semilla, es recomendable montar con ellas un compost adicional y cuidar de que siempre esté húmedo, y añadirle algo de mantillo bien fermentado, ya que así la descomposición va más rápida.

En este medio cálido, las hierbas germinan muy rápidamente. Pero las plantas no pueden crecer, mueren y se descomponen dando sustancias valiosas para la huerta. Transcurridas dos semanas, es importante dar la vuelta a la capa superior de 10 cm, ya que sólo al exterior hay suficiente luz y oxígeno para que puedan germinar. Después de que germinen, se recubre todo con gramíneas cortadas o hierbas parecidas. El compost siempre ha de estar húmedo. Si el clima es seco, conviene regarlo una vez a la semana. Este mantillo sólo puede utilizarse cuando es totalmente térreo, es decir después de un año aproximadamente.

Los análisis han mostrado que el mantillo de hierbas tiene mucho nitrógeno, a menudo mucho más que el preparado con otras plantas.

## El compost de césped

Con el césped cortado se puede obtener un buen mantillo. Se mezcla el césped cortado con un poco de tierra, mantillo u hojas, para que no se forme una especie de col fermentada. Conviene dejar secar un poco la hierba antes de utilizarla para el compost, así más tarde se transformará más rápidamente en el montón. Es recomendable esparcir un kilogramo de cal viva por metro cúbico de césped cortado.

### Fermentación rápida con sustancias animales

Al utilizar sustancias procedentes de animales, como cuernos y huesos en polvo, cerdas, lana, plumas o guano para la preparación de abonos especiales (generalmente abonos para surcos de siembra u orificios practicados alrededor de las plantas), es posible hacer que se descompongan rápidamente mediante un proceso especial, pero que no es el más adecuado y mejor sería transformar totalmente el compost mezclando un 80% de mantillo hecho a base de compost vegetal completamente fermentado, con un 20% de sustancias procedentes de cuerpos animales, confeccionando pequeños montones que humedecidos se cubren con paja o excepcionalmente una lona o una manta. Después se riega una vez más estos montones. La primera fase de la transformación se manifiesta al cabo de cinco o seis semanas, apareciendo una capa blanca sobre el exterior del montón. Entonces ya es posible utilizar este abono especial. Las plantas se verán visiblemente menos invadidas por los hongos (véase la página 80).

Fermentación rápida de sustancias procedentes del cuerpo de animales.

Se mezcla bien el 80% de mantillo hecho a base de compost vegetal y completamente fermentado, y el 20% de sustancias procedentes de animales. Se hace pequeños montones bastante humedecidos, que se cubren con paja y se vuelven a regar. Transcurridas cinco o seis semanas aparecerá una capa blanca sobre el montón (ilustración a la derecha). Entonces ya se puede utilizar este abono especial.

## LA ORTIGA Y SU UTILIZACIÓN

La ortiga mayor (*Urtica dioica*) posee muchas cualidades beneficiosas. Tras un proceso de prefermentación se elabora con ella un preparado para el compost.

El mantillo hecho con ortigas es muy adecuado para plantas delicadas, rosas y fresales. Sus cualidades sólo se hallan en un mantillo procedente de agujas de pino.

La ortiga puede utilizarse también como remedio natural contra las plagas y como impulsora del crecimiento.

Todas las recetas que siguen no deben aplicarse más de tres veces. Utilizadas más veces puede sufrir la capacidad de conservación y de germinación de los cultivos. Lo mismo sucede si el purín se prepara y aplica más concentrado de lo recomendado a continuación.

**La ortiga mayor (Urtica dioica) posee muchas cualidades beneficiosas para la huerta.**

### El extracto de 24 horas

Se corta un kg de partes aéreas de ortigas frescas. Las plantas pueden estar en flor, pero no deben llegar todavía a formar semilla.

Se coloca las hierbas en un recipiente de madera, barro o esmaltado y se vierte sobre ellas 10 litros de agua fría o templada. Se deja reposar 24 horas y después se cuela bien.

Este extracto sirve contra la invasión de gusanos y orugas, aplicándolo tres veces en intervalos de unas horas. Se pulveriza muy finamente sobre las plantas atacadas.

**La ortiga sirve contra las plagas y para fomentar el crecimiento. Se prepara un extracto de 24 horas o un purín. La receta y su aplicación están descritos en el texto.**

## El purín de ortiga como sustancia impulsora

En un recipiente de madera, barro o esmalte se coloca un kg de partes aéreas de ortigas frescas, que pueden estar floreciendo pero no formando semilla. Se vierte después 10 litros de agua fría o templada. Se deja que repose hasta que se pudra la ortiga.

El tiempo necesario para este proceso depende de la temperatura ambiental. Entre ocho días y cuatro semanas después, el purín está listo.

Este purín es un impulsor fuerte y sólo ha de utilizarse en dosis rebajadas. Para pulverizarlo finamente sobre la tierra, se mezcla un litro de purín con nueve litros de agua. Para apliarlo en forma de riego, se mezcla un litro del purín con 40 litros de agua.

Es posible solucionar los retrasos en el crecimiento causados por el mal tiempo, que a menudo van seguidos de una invasión de pulgones, regando o pulverizando las plantas afectadas con purín de ortiga. La aplicación se lleva a cabo a primeras horas de la mañana o a últimas de la tarde. Después de tres aplicaciones (tres días por la tarde) sobre rosales, arbustos de frutillas y árboles frutales, a menudo desaparecen los pulgones y los hongos.

**El fomento del crecimiento vegetal con purín de ortigas**

El purín se elabora como está descrito antes pero cambia la dilución. Se mezcla un cuarto de litro de purín con 10 litros de agua y se riega con él por ejemplo tomates, pepinos, espinacas y coles. Se aplica tres veces durante el período de vegetación.

Para pulverizarlo hay que rebajar medio litro de purín con 10 litros de agua, removiendo durante 15 minutos. Después se pulveriza con una boquilla muy fina.

Las patatas y los arbustos de frutillas se benefician con este tratamiento.

## PURINES HECHOS A BASE DE HIERBAS

No sólo con ortigas se puede elaborar un purín para abonar (véase la página 45), también se puede utilizar otras plantas: cardo, cerraja (*Sonchus asper*), consuelda mayor, alsine (*Stellaria media)*, incluso hierbas culinarias. Para elaborar un purín con restos de artemisa, manzanilla, lavanda, milenrama o melisa, hay que dejarlos reposar en agua a razón de 10 litros de agua por kg de hierbas frescas. Más tarde se puede rebajar un litro de este purín en 40 litros de agua y regarlo. La concentración no ha de ser mayor. Lo que sobre, puede verterse sobre el compost.

**Con consuelda mayor (Symphytum officinale, a la izquierda) y manzanilla (a la derecha) se elabora purín para abonar.**

# EL PREPARADO DE BOÑIGA Y EL PREPARADO DE SÍLICE

**Rabanitos de un ensayo de ritmos y preparados: la diferencia llega al 40%.**

El preparado de boñiga (500) y el preparado de sílice (501) son imprescindibles en la agricultura biodinámica.

El **preparado de boñiga** se confecciona a base de boñiga de vaca. Crea una buena relación entre la planta y las fuerzas telúricas. Pulverizado sobre los sembrados, las plantas podrán desarrollar más raíces y la parte superior de la planta estará mejor abastecida. También sirve para los trasplantes. Esto es especialmente importante en el caso de que no se pueda realizar el trasplante en la época de plantación, pues el preparado de boñiga reduce el impulso negativo de trasplantar fuera de la época de plantación.

En las granjas biodinámicas, la boñiga de vaca se coloca en octubre en un cuerno de vaca. Este cuerno se entierra y permanecerá bajo tierra todo el invierno. El cuerno absorbe las fuerzas de la Tierra invernales y las une con la boñiga. En primavera se desentierra el cuerno y se vierte el contenido en un tarro de cristal. Se cierra el mismo con una tapa de cristal o de corcho y se guarda en la caja aislada con turba, hasta utilizarlo. Este preparado puede usarse durante los dos años siguientes.

Para una superficie de cultivo de 2.500 metros cuadrados basta dispersar 30 g de preparado de boñiga en 10 litros de agua. Ha de cuidarse que se produzca un buen torbellino, de fuera hacia dentro, y sólo lo puede remover una persona (véase en la página 51 unas instrucciones detalladas). Los horticultores necesitan menos cantidad, dependiendo de la superficie que trabajan. El preparado de boñiga se pulveriza tres veces antes de la siembra, en intervalos de 10 minutos.

El **preparado de sílice** actúa junto a las fuerzas cósmicas, por lo que se pulveriza en los días favorables para la siembra de la planta. Es decir que las plantas de hoja, como las lechugas, reciben la pulverización en los días de hoja.

Aparecen resultados especiales en casos concretos. Cuando las coles destinadas a almacenamiento reciben la última pulverización de preparado de sílice en un día de flor, antes de la cosecha, se favorece la calidad de la conservación. La calidad de las zanahorias mejora pulverizándolas por última vez con el preparado de sílice cuando la Luna se encuentra ante Aries o ante Libra, a primeras horas de la tarde, antes de la cosecha. La tabla 4 aclara las aplicaciones.

Para el preparado de sílice se necesita cuarzo transparente, a ser posible puro, sin contener otras sustancias. La industria fabrica

**Tabla 4. Utilización del preparado de sílice**

| Planta | Época para la pulverización del preparado de sílice |
|---|---|
| Plantas de raíz | En días de raíz: tres veces en el mismo mes (es decir cada nueve días, en días de raíz), por la mañana, después de salir el Sol |
| Plantas de hoja | En días de hoja: tres veces en el mismo mes, por la mañana después de salir el Sol |
| Plantas de flor | En días de flor: tres veces en el mismo mes, después de salir el Sol |
| Plantas de fruto/semilla | En días de fruto/semilla: tres veces en el mismo mes, después de salir el Sol |

lupas con este tipo de cuarzo. Cuando la luz solar atraviesa la lupa, es capaz de encender el papel que se encuentre debajo y quemarlo. Aumenta el efecto luminoso y calórico. Esta cualidad se aprovecha para las plantas. Se introduce cuarzo molido muy fino en un cuerno de vaca. Según la investigación cientificoespiritual de Rudolf Steiner, la forma y la espiral del cuerno de la vaca produce una gran concentración en los seres vivos. El cuerno de vaca se introduce en la Tierra de verano y concentra el efecto del verano en el preparado de sílice.

Se remueve medio gramo del preparado de sílice en 4 o 5 litros de agua durante una hora. Esto es suficiente para 1.000 metros cuadrados de superficie de cultivo. Es muy importante que se remueva formando un torbellino. El movimiento ha de ir del borde del recipiente -de madera y barro- al interior, no del interior hacia fuera. Las fuerzas de este movimiento circular se irán concentrando en el interior gracias a este remolino. Si se remueve de dentro hacia fuera, las fuerzas se «pulverizarían». Una vez revuelto el preparado, ha de aplicarse en las tres o cuatro horas siguientes, ya que después pierde pronto su efecto. Es importante que sólo lo remueva la misma persona, no debe cambiarse de persona.

Nosotros mismos elaboramos ambos preparados en nuestros recintos de ensayos. Para el horticultor aficionado, la elaboración propia a menudo es demasiado complicada. Después del asesoramiento correspondiente, puede comprar los preparados en las direcciones indicadas al final del libro (véase la página 123). Asimismo existen libros con instrucciones sobre cómo aplicar los preparados para pulverizar (pag. 55).

Al remover el preparado, por ejemplo con un palo de madera o una caña de bambú, es importante hacer un buen remolino en forma de embudo. Se remueve de fuera hacia dentro, absorbiendo con ello las fuerzas de alrededor. Sólo puede remover una persona. Una vez formado el embudo, se saca el palo del recipiente, se deja que siga girando un rato por inercia y se comienza el remolino en dirección contraria.

## EL PREPARADO COMBINADO DE ESTIÉRCOL

Por desgracia no es fácil comprar el preparado de combinado de estiércol cuando no lo quiere o no lo puede elaborar uno mismo. En Alemania algunos grupos regionales prestan ayuda. Véase las direcciones de la página 123.

Este preparado se elabora con boñiga de vaca como material básico, al que se añaden otras tres sustancias: cáscaras de huevo, basalto y los preparados del compost. La boñiga ha de proceder, a ser posible, de vacas de una granja biodinámica. Es recomendable que durante unos días las vacas coman forraje de heno y paja para que la boñiga esté bien formada.

En un barreño de madera se vierte cinco cubos de 10 litros de boñiga, 100 g de cáscaras de huevo, secas y machacadas muy finas, y 500 g de basalto triturado (granulado de 0,2 a 0,5 mm). Se remueve todo con una pala durante una hora. Esta es la dinamización.

La mitad de esta mezcla se pone en un barril de madera sin fondo (!) colocado al aire libre y enterrado de 40 a 50 cm. Se amontona la tierra desenterrada alrededor del barril. A esta primera mitad se añade la mitad de una porción de los preparados del compost (véase la página 41), colocados uno a uno como en el montón del compost. Se vierte la otra mitad de la mezcla en el barril y se echa la otra parte de las porciones de los preparados del compost, colocándolos uno a uno encima. Se remueve cinco gotas del preparado de valeriana durante 10 minutos en un litro de agua y este «agua de valeriana» se

**El preparado combinado de estiércol ha pasado todo el proceso descrito y ya se puede utilizar.**

**Elaboración del preparado combinado de estiércol.**
**Se remueve durante una hora cinco cubos de 10 litros de boñiga de vaca, 100 g de cáscaras de huevo, secas y machacadas muy finas y 500 g de arena basáltica (granos de 0,2 a 0,5 mm) en un barreño de madera.**
**Después se vuelca la mezcla y los preparados de compost como se describe en el texto, en un barril sin fondo, semienterrado, y se deja que repose durante cuatro semanas. Entonces se remueve una vez más con la pala. Siguen cuatro semanas más de reposo. Una vez transcurrido este tiempo, ya puede utilizarse el preparado combinado de estiércol.**

riega sobre el contenido del barril, que se cubre con una tapa de madera o con una simple madera.

Entonces hay que dejar reposar el barril durante cuatro semanas. Después se remueve de nuevo el contenido con una pala. Cuatro semanas más tarde, puede utilizarse el preparado.

Para nuestros cultivos de ensayo, una misma persona y formando un buen embudo de fuera hacia dentro (véase también la página 51) remueve 60 g del preparado combinado de estiércol en 10 litros de agua durante 20 minutos. Esta cantidad sirve para 2.500 metros cuadrados. Los horticultores necesitan bastante menos agua y preparado, dependiendo de la superficie del huerto.

Los mejores resultados aparecen con tres pulverizaciones del preparado en tres días seguidos, de tres a cinco días antes de la siembra. Esta mezcla se pulveriza por la tarde.

El preparado combinado de estiércol activa las transformaciones que tienen lugar en la tierra, estimula los organismos subterráneos que velan por una mejor estructura de la tierra y una formación más rápida de sustancias inorgánicas y orgánicas. También es recomendable pulverizarlo después de la incorporación de un abono verde, un mantillo o una estercoladura, y también una vez durante la labranza invernal.

El preparado combinado de estiércol se utiliza en todos los países en que se practica la agricultura biodinámica. Hoy no se puede decir si la sustancia base de boñiga de vaca puede ser sustituida por excrementos de otro animal (oveja, cabra, caballo, gallina, conejo). Dentro de unos años informaré sobre más ensayos en realización.

**Para que no se atasque la boquilla de pulverización, los preparados de boñiga, sílice y combinado de estiércol se han de colar antes de pulverizarlos. El colador ha de ser muy fino, un tamiz por ejemplo. Lo mejor, con mucho, es utilizar una media de perlón doble.**

## LAS ROCAS EN POLVO

Se puede aportar rocas en polvo cuando se abone las plantas. En este caso será necesario, por regla general, que antes pasen por el compost. Se añaden en pequeñas cantidades y así mejora la calidad del mantillo, ya que estimulan la formación de arcilla en la tierra.

**El basalto en polvo**

El basalto es una roca relativamente joven, que ha pasado un proceso calórico, pero no se ha quemado. Es una medicina, sólo puede añadirse al compost en pequeñas cantidades. ¡Los medicamentos no tienen efecto si los utilizamos en las mismas cantidades que los alimentos!

**Cosecha de cerezas, uva-espinas, arándanos, grosellas rojas y negras, fresas y frambuesas**

## LOS ABONOS VERDES

Las plantas determinadas que forman los abonos verdes primero hay que cultivarlas. Permanecen un período corto (unas semanas) o largo (durante el invierno) en las parcelas. Por regla general se siegan cuando están verdes y se mezclan con la tierra al labrarla. En parte se utilizan como forraje.

El abono verde tiene muchas ventajas. Protege la tierra y supone un cambio del tipo de «fruto» producido. Algunos abonos verdes –como los leguminosos– pueden fijar el nitrógeno del aire y aportarlo a la tierra. Al enterrar las plantas suministramos a la tierra material orgánico, estimulando así la vida subterránea.

Los análisis de tierra han mostrado que después de un cultivo de aciano (*Centaura cyanus*), facelia y neguilla (*Agrostemma githago*), hay más fósforo en la tierra. Después del cultivo de facelia y neguilla, aumenta el potasio, y después de guisantes y altramuz, el calcio.

El momento de siembra del abono verde depende de su destino. Si se desea muchas hojas para forraje, entonces se siembra en un día de hoja. Las leguminosas hay que sembrarlas en un día de raíz, ya que han de dar muchos nódulos radiculares para el enriquecimiento de nitrógeno.

Los abonos verdes se cortan y mezclan con la tierra al labrarla, durante la Luna descendente (época de plantación). Entonces las fuerzas se dirigen hacia abajo, lo que fomenta las transformaciones subterráneas. Además convie-

**El altramuz es recomendable como abono verde.**

ne pulverizar el preparado combinado de estiércol, ya que así las transformaciones se acelerarán.

Abonos verdes recomendables para el huerto:

Trébol persa (*Trifolium resupinatum*)
Altramuz (*Lupinus* sp.)
Facelia (*Phacelia tanacetifolia*)
Almorta (*Lathyrus sativus*)
Centeno (*Secale cereale*)

**La facelia es una planta melífera y que mejora la tierra.**

**Para enterrar un abono verde al labrar la tierra, conviene hacerlo en el periodo de la Luna descendente (época de plantación). El centeno de la foto se está incorporando en otoño. En primavera, la planta tendría que incorporarse mientras todavía fuese pequeña.**

# LA ROTACIÓN DE CULTIVOS

Rotación es la alternancia de cultivos en una misma parcela. Es importante hacer un descanso en el cultivo de plantas de la misma familia practicado durante varios años, para evitar la carencia unilateral de algún nutriente en la tierra y el aumento de sustancias segregadas y de enfermedades provocadas por la repetición de los cultivos. Por ejemplo no se debería plantar repollo después de coliflor.

Cultivar la tierra de forma «monótona»: plantando un mismo tipo de vegetal o de la misma familia en espacios de tiempo muy cortos o sin dejar tiempo entre los cultivos, hace aparecer primero síntomas de deficiencias y luego siguen las plagas. La planta se puede salvar con productos antiparasitarios, pero esto perjudica la calidad del alimento y no lo podemos compensar. Con una sucesión de cultivos correcta no pasa nada de esto.

**Al planificar una rotación de cultivos, se ha de tener en cuenta que las plantas para abono verde han de incluirse armónicamente en la rotación. La mostaza, por ejemplo, pertenece a la familia de las crucíferas, a la que también pertenecen las coles.**

**La planta vive una quintuplicidad: raíz/hoja/flor/semilla/fruto, que desea vivir a lo largo del año. En la práctica son cuatro las partes: raíz, hoja, flor, fruto/semilla.**
**En las crucíferas, por ejemplo, los rabanitos concentran sus fuerzas en la raíz (arriba a la izquierda); las coles, como la lombarda, mantienen la fuerza del tallo en las hojas (abajo a la izquierda); la coliflor ofrece su inflorescencia con su inolvidable sabor (arriba a la derecha). Si no se cultiva crucífera alguna en la huerta, la mala hierba bolsa de pastor (Capsella bursa-pastoris) puede rellenar ese hueco. También es posible tener colza (abajo a la derecha), que cultivada extensivamente sirve para obtener aceite.**

Para el horticultor aficionado, algunas veces es un problema la rotación de cultivos, ya que dispone de poca superficie y siempre necesita determinadas hortalizas. Debe hacerse una buena planificación de rotación a principios del año y a lo largo del mismo ir apuntando los cultivos. Si no se hace así, la rotación pronto se volverá caótica, con las consecuencias ya descritas.

Algunos libros y revistas dicen que hay que seguir una rotación de plantas que agotan mucho la tierra, plantas que la agotan poco y leguminosas. Pero hemos comprobado que en corto tiempo esta planificación exige plaguicidas. Las plantas enfermaron, hubo que tratarlas y perdieron calidad.

En una rotación bien planificada se ha de considerar las familias vegetales. Por ejemplo la hernia de la col, hongo subterráneo que enferma las raíces de las coles y otras crucíferas produciendo un tumor, no sólo invade los repollos y el colirrábano, sino también la colza, la mostaza, los rabanitos, etc. También se ha de vigilar el abono verde incluido en la rotación. Por ejemplo sería conveniente optar por una planta diferente a la mostaza, como facelia. No es recomendable cultivar cinco años plantas de la misma familia vegetal en una parcela.

Además no se debe olvidar la formación de los órganos vegetales. La planta vive de forma quíntuple en la raíz, hoja, flor, semilla y fruto, y a lo largo de los años desea desarrollar todas estas posibilidades de crecimiento.

**Ejemplo de rotación de cultivos, tal como la llevamos a cabo con éxito en nuestra huerta: coliflor en el primer año (arriba izquierda), remolacha en el segundo año (izquierda abajo), judías de mata baja en el tercer año (arriba derecha), patatas en el cuarto año (abajo derecha), después fresas en los años siguientes (derecha en esta página)**

En este contexto aparece de nuevo la vinculación con los impulsos cósmicos ya señalados, también quíntuples (véase la tabla 1 en la página 12), que a su vez se ha de considerar al planificar la sucesión de cultivos.

Por ejemplo en la familia de las crucíferas, a la que pertenecen las coles, los rábanos y los rabanitos concentran sus fuerzas en la raíz, el cuello de la raíz se engrosa y se convierte en el fruto. Las coles retienen las fuerzas del tallo en las hojas, que se van envolviendo mutuamente, una tras otra, hasta que termina el proceso cuando está maduro el repollo. En el colirrábano se engrosa el tallo y éste es su fruto. La coliflor transforma su inflorescencia ofreciendo su rico sabor.

Ninguna especie de la familia de las crucíferas se cultiva en la huerta por sus semillas. En agricultura extensiva está la colza. En el huerto, hierbas como la bolsa de pastor y la hierba del ochavo (*Thlaspi arvense*) pueden llenar este hueco y completar este intercambio con la tierra.

Al año siguiente no sólo hay que plantar otra familia, sino también otro órgano vegetal. Hay que tener en cuenta los órganos raíz, hoja, flor y fruto/semilla, es decir una distribución en cuatro partes.

Es recomendable una parcela que el primer año tuvo plantas de hoja, al año siguiente lleve plantas que se engrosan en la raíz. En el tercer año plantas que lleven las fuerzas retenidas en la tierra a la parte superior de la planta: a la semilla o la carnosidad del fruto. Al igual que el ser humano necesita hacer una espiración más profunda de vez en cuando, también lo necesita la tierra y éste es el efecto del tercer año. El cuarto año se desarrollan en la tierra plantas de flor. Ahora no entran en la planta fuerzas excedentarias que producen la semilla porque el año anterior la tierra se deshizo de estas fuerzas. De esta manera se consigue que las plantas de flor no puedan formar semilla.

Si junto a la rotación de las familias se tiene también en cuenta los cuatro o cinco órganos vegetales explicados a continuación en la rotación, la tierra se hallará acondicionada de forma óptima en favor del desarrollo vegetal. En los siguientes ejemplos de rotación (tabla 5) se parte de una parcela de fresales que ha de ser trasladada a otra parcela. Al terminar la última recolección, se siegan los fresales, cuyas partes aéreas se echan al compost. Después se remueve la tierra y se siembra centeno y altramuz juntos. Esto favorece a la tierra, que de vez en cuando necesita que se le planten hierbas. El centeno además emite raíces muy profundas y esponja así las capas más profundas de la tierra. El altramuz, como leguminosa, fija el nitrógeno y mejora la presencia de este nutriente en la tierra. En primavera se siegan las plantas a modo de abono verde, mezclándolas con la tierra al cavarla. Ahora la tierra estará bien acondicionada para el cultivo de crucíferas, por ejemplo coles.

En esta tabla aparecen seleccionadas algunas rotaciones.

Tomando estos ejemplos como base, cada cual puede confeccionar su propio plan de rotaciones, que armonice con las condiciones del lugar. Hemos tenido buenos resultados con esta rotación. Las plantas estaban sanas y siguieron estándolo. Las cosechas fueron excelentes.

Los fresales permanecen en la misma parcela de cinco a ocho años. Después empieza de nuevo la secuencia de cultivos.

Otros consejos más:

- En vez de patatas es posible sembrar flores.
- Al sembrar las patatas, se puede sembrar también altramuz. Se cavará a la vez que las patatas. Cuando empiecen a aparecer los

**Tabla 5. Situación de partida: abono verde de centeno y altramuz tras un cultivo de fresales**

| 1 año | 2 año | 3 año | 4 año | 5 año |
|---|---|---|---|---|
| Repollo común | Zanahoria | Guisante común | Patata | Fresa |
| Col lombarda | Pastinaca | Haba | Patata | Fresa |
| Col rizada | Escorzonera | Guisante tirabeque | Patata | Fresa |
| Coliflor | Remolacha | Judía de mata baja | Patata | Fresa |
| Berza | Cebolla | Maíz dulce | Patata | Fresa |
| Brécol | Apio | Judía de enrame | Tupinambo | Fresa |
| Colirrábano | Puerro | Pimiento | Tupinambo | Fresa |
| Colinabo | Acelga | Pepino | Tupinambo | Fresa |
| Rabanito | Perejil | Tomate | Tupinambo | Fresa |
| Rábano | Aromáticas | Pepino | Flores | Fresa |

capullos del altramuz, se les segará. De esta manera crecerá a los lados, aumentando así la masa de hojas, que es lo deseable. Esto también proporciona una mayor formación de raíces, lo cual acumula más nitrógeno.

- Una vez recolectados en otoño los tomates y los pepinos, se puede sembrar arveja.

Estos son algunos ejemplos para explicar el por qué de esta rotación: La berza necesita las fuerzas para formar con facilidad su tallo y hojas. La cebolla que se plantará en su lugar al año siguiente puede crecer sin el desarrollo del tallo. El colirrábano centra sus fuerzas en engrosar el ámbito de su tallo, por lo que para el puerro es ideal ser precedido por esta planta, ya que la tierra no perturbará con las fuerzas formativas del tallo el crecimiento foliar envolvente sino que multiplicará las capas foliares bien apretadas, formando así buenos puerros.

Podría seguirse con estas observaciones, que han de incitar a la reflexión y la observación de estos fenómenos.

Con las plantas no incluidas en la tabla 5 y que no necesitan una temporada completa para desarrollarse totalmente, como espinaca, lechuga de cogollo y para cortar, escarola o hierba de los canónigos, se procede de la siguiente manera:

- La lechuga sirve para situar las líneas de siembra de las zanahorias, pues éstas necesitan mucho tiempo para germinar, mientras las lechugas crecen rápido, y esto sirve para reconocer con antelación las filas sembradas y que se va a escardar. Las lechugas jóvenes se trasplantan más adelante a las parcelas de coles, cuando dejen de tener espacio al crecer las zanahorias. Cuando las berzas han crecido bastante, ya se han recolectado las lechugas. Así pueden desarrollarse las dos.
- En primavera, las espinacas y las hierbas de los canónigos pueden instalarse como un cultivo intermedio en las parcelas donde más tarde (a partir de mayo) se sembrará el cultivo principal.
- Lechugas, espinacas y escarolas pueden cultivarse en las parcelas de los cultivos ya recogidos de col temprana, judía de mata baja o patata temprana.

Hasta ahora ningún cultivo intermedio parece haber perjudicado a la rotación de cultivos.

Sólo en el caso de las crucíferas

hay que tener cuidado. Los rabanitos, rábanos o berros, que son plantas de crecimiento rápido, sólo deben plantarse en parcelas de coles. Por ejemplo también se les puede plantar en los bordes de las parcelas. Nunca podrán instalarse en parcelas donde haya plantas de otras familias, ya que no se puede mantener ese espacio de tiempo de cinco años previsto en la sucesión de cultivos (véase la página 61).

**El colirrábano (derecha) es el cultivo ideal anterior al puerro (abajo). El colirrábano concentra sus fuerzas en el ámbito del tallo y lo engrosa para formar allí su «fruto». El puerro no se verá perturbado por las fuerzas formativas del tallo que vienen de la tierra, pudiendo desarrollar capas de hojas apretadas y modelar buenos puerros.**

## EL RIEGO

Puede parecer asombroso que sólo reguemos los cultivos una vez después del trasplante, al sembrar el césped, ya que el césped queda arriba, y por supuesto las plantas de invernadero. Incluso en los años secos hemos obtenido buenas cosechas, pues hemos tenido en cuenta ciertas reglas naturales (N.d.T.: Téngase en cuenta la mayor pluviosidad centroeuropea, similar a la de la «España húmeda»).

Por la mañana la tierra de labor espira, por la tarde inspira. Las fuerzas vegetales se dirigen por la mañana hacia arriba (la parte superior de la planta). Por la tarde y la noche se dirigen hacia abajo y buscan la Tierra. Esto se puede aprovechar. Para retener agua en la Tierra, hay que cavar por la tarde, pues entonces la tierra de labor inspira la humedad del entorno. Si el terreno está demasiado húmedo, se cava por la mañana, ya que la tierra espira la humedad de la tierra.

Conviene cavar de manera que quede mullida una capa superior

**Nunca regamos los cultivos, sólo una vez después del trasplante y al sembrar el césped. No así con las plantas de invernadero, que regamos según convenga, en verano incluso dos veces al día.**

Por las mañanas, la tierra espira (izquierda). Por las tardes inspira (derecha).

de tres centímetros, que es la capa reguladora de la humedad.

Al acostumbrar las plantas al riego, no arraigan tan profundamente. Si llega un período de sequía, entonces dependen del regadío. Hemos cosechado zanahorias y pastinacas cuyas raíces absorbentes alcanzaban 1,20 m, y en cebollas 80 cm. Además es un hecho comprobado que el riego continuo estropea la estructura de la tierra, que se vuelve dura y en una época seca se agrieta.

En los períodos secos es posible acolchar las parcelas. Pero hay que retirar el acolchado en cuanto ha llovido lo suficiente, ya que de no hacerlo, se convierte en un cobijo ideal para babosas y caracoles.

Durante las épocas secas cavamos por la tarde, en días de hoja y de raíz. Se puede fomentar además la humedad de la noche y la formación de rocío pulverizando por la tarde el preparado de boñiga sobre los caminos y las superficies de césped (véase la página 49 y siguientes) o el preparado combinado de estiércol.

## La calidad del agua

Por supuesto que no da lo mismo con qué agua se riega. A excepción de las plantas de invernadero, sólo regamos una vez después del trasplante. Por el hidrólogo e investigador del agua Theodor Schwenk, fundador y director durante muchos años del Institut für Strömungswissen-schaften (Instituto de Dinámica de Fluidos) de Herrichried, se sabe que la calidad de las aguas de los ríos y arroyos puede ser mejor cuando se les deja seguir su curso natural. Los resultados de estas investigaciones incitaron al escultor inglés John Wilkes a crear las fuentes Virbela, en las que el agua puede seguir el movimiento que le es propio.

Hicimos el siguiente experimento. Entre nuestras dos albercas, que están a diferente altura, instalamos 36 cuencos Virbela y con el agua que corría por ellos regamos durante una semana las siembras realizadas en el invernadero. Después del trasplante, estas plantas recibieron el mismo cuidado que todas las demás, es decir, no las regamos. Las plantas crecieron considerablemente mejor. Ahora bien, este agua no es conveniente para la elaboración de los preparados.

Quedan muchas preguntas por contestar sobre la calidad del agua. Se tendrá que llevar a cabo muchos ensayos, incluyendo el agua de los abrevaderos y el agua potable. Diversas instituciones públicas y privadas realizan investigaciones sobre el tema, pero todavía no hay resultados definitivos ni recomendaciones.

**Fuentes Virbela. Cuando el agua corre por estos recipientes, se carga con unas fuerzas que fomentan el desarrollo. Los cuencos han sido diseñados para el tratamiento de aguas residuales.**

## EL PELIGRO DE HELADA TARDÍA EN MAYO

A veces en mayo los cultivos se ven amenazados por una helada tardía que puede tener consecuencias desastrosas. Se puede proteger los cultivos más delicados con un recubrimiento, por ejemplo con un túnel de plástico o con una cajonera móvil. Pero si la helada ya ha producido daños, pulverizamos al día siguiente sobre las plantas afectadas un agua de valeriana preparada con una gota del jugo de flores de valeriana (véase un suministrador en la página 123) vertida en un litro de agua y removido durante 15 minutos. Al cabo de una hora hay que regar bien.

**Con las flores de valeriana se elabora un extracto (véase un suministrador en la página 123) que sirve para hacer una dilución y pulverizar las plantas dañadas al día siguiente de la helada tardía.**

## VIERNES Y SÁBADO SANTOS

En ensayos que hicimos hace ya 25 y 30 años, siempre comprobamos que el Viernes Santo y el Sábado Santo no son días buenos para la siembra ni el trasplante. Las semillas germinan mal y las plantas trasplantadas se debilitan e incluso mueren. Las influencias negativas para las plantas empiezan el Viernes Santo por la mañana y terminan el Domingo de Pascua antes de salir el Sol.

¿Por qué ocurre esto? Los sucesos que hace 2.000 años acaecieron en el Gólgota dejan su huella en la Tierra todos los años. Las plantas son muy sensibles y receptivas y se ven afectadas.

**Izquierda: Colirrábano, planta de hoja.**

**Abajo: Acelga roja, planta de hoja.**

## LAS MALAS HIERBAS

Las hierbas pueden convertirse en un problema, sobre todo en la agricultura extensiva. Teniendo en cuenta una serie de reglas, el trabajo se facilita mucho.

En un ensayo obtuvimos un resultado asombroso. Dividimos un campo en varias parcelas. Los análisis de tierra que hicimos antes habían demostrado que no se hallaban diferencias dentro del campo. Durante las cuatro semanas siguientes labramos un día sí y otro no una parcela diferente. Pudimos comprobar que según el día de labranza crecía una u otra hierba. En la primera parcela creció especialmente sólo un tipo de hierba y no muchas variadas. En una segunda parcela, que trabajamos para sembrarla dos días después, germinó sobre todo otra hierba.

Llegamos a la conclusión de que la causa no podía ser la tierra ni la planta de cultivo, sino el día y con él el impulso cósmico presente a la hora de cultivar. Continuamos la investigación y encontramos el método para combatir de forma óptima las hierbas.

Cuando la Luna pasa ante la constelación de Leo, todas las hierbas germinan muy bien. Por tanto precisamente en estos días es recomendable mullir la tierra antes de prepararla para la siembra primaveral. Las hierbas germinan; pasados de 10 a 15 días pueden enterrarse labrando superficialmente y por último se siembra. De esta manera las hierbas mejoran la calidad de la tierra (véase las páginas 34 y 35).

Cuando la Luna se encuentra ante la constelación de Capricornio, germinan muy pocas hierbas. En estos días conviene realizar los últimos trabajos de labranza y de cava de las patatas y de hortalizas de raíz.

En otros ensayos con hierbas, obtuvimos buenos resultados con una pulverización de una potencia decimal 8 (D8) de la ceniza de sus semillas o esparciendo directamente esta ceniza. Después de este tratamiento se podía ver claramente que crecían menos hierbas en los cultivos.

### La D8 contra las hierbas

Para la elaboración de una D8 se quema con leña muchas semillas

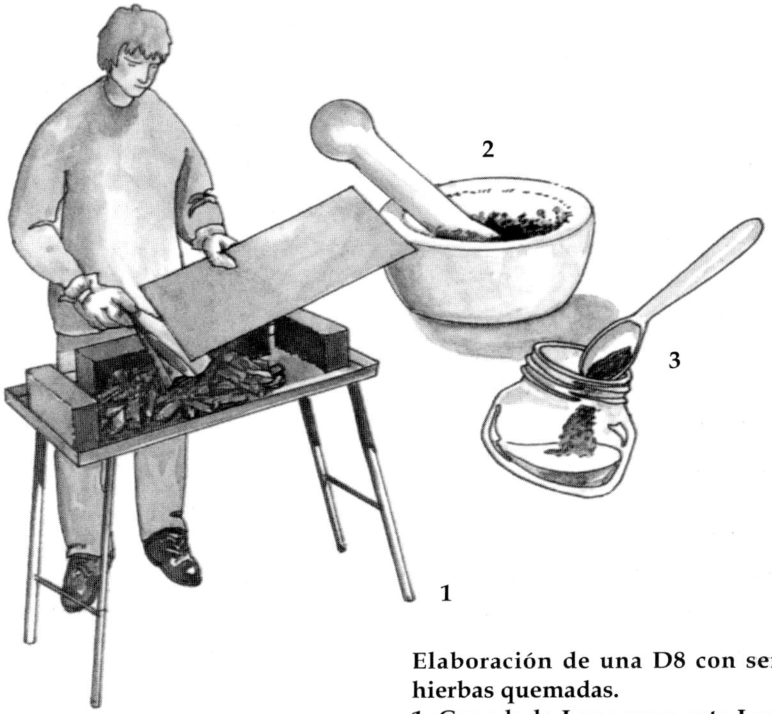


**Elaboración de una D8 con semillas de hierbas quemadas.**
**1. Cuando la Luna pasa ante Leo, hay que quemar muchas semillas de hierbas diferentes. Se meten en un cucurucho de papel y se queman con leña.**
**2. Una misma persona muele durante una hora la ceniza de las semillas de las hierbas y de la leña.**
**3. De esta ceniza así dinamizada se elabora una dilución D8 (véase el texto a partir de la página 72).**

de hierbas, a ser posible en un horno, cuando la Luna pase ante Leo. También puede servir una barbacoa, como la de la ilustración de la página 73. construida con ladrillos refractarios y una chapa que la cubra.

Lo mejor es meter las semillas en un cucurucho de papel y echarlo en las brasas. Sólo cuando las brasas están al rojo vivo se queman bien las semillas. En seguida se pone una plancha sobre los ladrillos, ya que al arder, las semillas saltan como palomitas de maíz. Una vez que las semillas se hayan quemado totalmente y la ceniza se haya enfriado, se muele ésta en un mortero durante una hora, siempre por una misma persona, es decir se dinamiza. Cuando se trata de hierbas de raíz, también hay que quemar unas pocas raíces.

Es importante que la ceniza sea de color gris claro. Cuando las semillas quedan negras significa que todavía no han sido bien quemadas y no producirán efecto alguno. Después se puede elaborar la potencia D8. Para ello se echa un centímetro cúbico (cc) de la ceniza dinamizada en una botella con 9 cc de agua. Se agita la botella tres minutos. Así se obtiene la primera potencia decimal (D1). Después se añade 90 cc de agua y se agita la mezcla durante tres minutos más. Esta es una potencia D2. Para la D3 hay que añadir 900 cc de agua. Para una D4, hacen falta 9 litros más de agua.

Después de añadir la cantidad de agua correspondiente, siempre se agita. Al pasar de la potencia D3 a D4 también se puede remover.

De seguir así, para una potencia D8 harían falta unos 100.000 litros de agua. Por eso se empieza de nuevo con cantidades pequeñas una vez alcanzada la D4. Se toma 1 cc de agua de la potencia D4 y 9 cc de agua, se agita todo durante tres minutos y se obtiene una potencia D5. Se añade después 90 cc de agua y se agita tres minutos. Sobre esta potencia D6 se vierte 900 cc de agua y se agita todo hasta obtener la D7. Se termina añadiendo 9 litros de agua a la D7 y agitando o removiendo todo durante tres minutos. Esta es la potencia D8.

De la potencia D8 se necesita alrededor de medio litro para 100 metros cuadrados de superficie. Se pulveriza los campos tres veces, en intervalos de varias horas.

Algunos horticultores utilizan la ceniza de las semillas sin dinamizarla ni potenciarla. En este caso es importante considerar los ritmos lunares de cada hierba, cuando estamos intentando reducir sólo una determinada hierba (véase la tabla 6). Para ello hay que quemar exclusivamente las semillas de esa hierba. En los demás casos hay que quemar la mezcla de semillas de hierbas al pasar la Luna ante Leo y esparcir la ceniza sobre los campos infestados.

Según las recomendaciones de Rudolf Steiner, se esparce como si se echara pimienta en una comida, al labrar la tierra para la siembra.

**Tabla 6. Constelaciones ante la que está la Luna para la incineración y preparación de las cenizas de semillas contra las hierbas, cuando no se elabora potencias homeopáticas**

| Constelación | Planta incinerada |
|---|---|
| Piscis | Arveja (*Vicia cracca*) |
| Aries | Mostaza silvestre (*Sinapis arvensis*) |
| | Rabaniza común (*Raphanus raphanistrum*) |
| | Ortiga muerta purpúrea (*Lamium purpureum*) |
| Tauro | Hierba de los gotosos (*Aegopodium podagraria*) |
| | Perifollo piloso (*Chaerophyllum hirsutum*) |
| | Amor del hortelano (*Galium aparine*) |
| Géminis | Avena loca (*Avena fatua*) y otras gramíneas |
| | Pamplina (*Stellaria media*) |
| | Agróstide anual (*Apera spica-venti*) |
| Cáncer | Botón de oro (*Ranunculus* sp.) y hierbas rastreras |
| Leo | Acedera (*Rumex* sp.) |
| Virgo | Cardo (*Cirsium arvense*) |
| | Tusílago (*Tussilago farfara*) |
| | Cola de caballo (*Equisetum arvense*) |
| | Correhuela (*Convolvulus arvensis*) |
| Libra | Soldado galante (*Galinsoga parviflora*) |
| Escorpio | Hierba mora (*Solanum nigrum*) |
| Sagitario | Armuelle silvestre (*Atriplex* sp.) |
| | Grama (*Agropyron repens*) |
| Capricornio | Aquí crecen en general pocas hierbas |
| Acuario | Carraspique (*Thlaspi arvense*) |
| | Bolsa de pastor (*Capsella bursa-pastoris*) |
| | Hierba pejiguera (*Polygonum persicaria*) |

## La prevención

Siempre hemos comprobado que las sustancias animales en polvo que no han fermentado en el compost, como cuernos, huesos, cerdas, plumas, lana, sangre u órganos animales, fomentan el desarrollo de las hierbas. Por tanto es muy importante que estos materiales pasen por el compost, si se les va a utilizar como abono o para mejorar la tierra.

**Pamplina o alsine (Stellaria media).**

## El purín de hierbas

Un purín de hierbas sirve precisamente para combatir esas hierbas. Tenemos buenas experiencias con hierbas trepadoras y rastreras, que en ningún caso hay que echar al compost (véase la página 39 y siguiente).

### *Una receta*

Se toma los zarcillos y trozos de raíces de por ejemplo cardo, hierba de los gotosos, botón de oro, tusílago, mentas, grama, pamplina, y se sumergen en un barril con agua. En los días de hoja se remueve un poco el contenido del barril. Cuando estas partes vegetales se hayan podrido completamente, se filtran y se pulveriza el líquido cuando la Luna esté ante Cáncer, durante tres tardes seguidas. Así desaparecen las hierbas.

Este purín también puede aplicarse como impulsor de crecimiento de todo tipo de coles, pepinos y tomates. En este caso se ha de rebajar bastante la dilución: poner un litro en diez litros de agua.

Con él también cabe mejorar el compost. El mantillo adquiere la capacidad de impulsar el desarrollo cuando el compost recibe el purín de las hierbas.

Ya he mencionado antes que se puede hacer fácilmente un compost de hierbas.

## Diversas hierbas

Algunas hierbas que presentan cualidades especiales según los ensayos.

### *Cardo*

El cardo *Cirsium arvense* crece muchas veces en tierras duras o que han sido endurecidas. Segado cuando la Luna pase ante Sagitario o Acuario, perderá mucha savia, y si esto se hace en época de Luna ascendente, las raíces no podrán abastecer lo suficiente a las hojas y la planta morirá.

### *Acedera*

La acedera *Rumex acetosa* se ha extendido fácilmente por los campos a causa de la lluvia ácida. Es posible combatirla eficazmente segándola varias veces estando la Luna ante Sagitario o ante Acuario. También se puede impedir su reproducción por semillas aplicando la ceniza de semillas o la potencia D8 cuando el Sol y la Luna pasan ante la constelación de Leo.

**Purín de hierbas, de elaboración propia.**

**1. Se echa los zarcillos y trozos de raíces de las hierbas en un barril con agua. En los días de hoja se remueve un poco.**
**2. Cuando las plantas se han podrido totalmente, se pulveriza este purín previamente colado, por las partes del huerto donde se quiera suprimir las hierbas, al pasar la Luna ante Cáncer. En este capítulo se describe cómo y cuantas veces se ha de pulverizar.**

## *Cola de caballo menor correhuela y tusílago*

Estas tres hierbas de raíces potentes, *Equisetum arvense, Convolvulus arvensis* y *Tussilago farfara,* se desarrollan cuando hay agua estancada en el subsuelo. Será casi imposible hacerlas desaparecer si no se drena. Cuando el agua se acumula en capas de arcilla impermeables, echar mantillo encima hace que crezcan menos hierbas.

**Arriba: La cola de caballo menor es una hierba de raíz potente, que no gusta ver en las parcelas. Pero se puede aprovechar sus buenas cualidades antiparasitarias.**

**Tusílago (Tussilago farfara)**

## LAS ENFERMEDADES FÚNGICAS

Por lo general, en la Naturaleza los hongos tienen la función de descomponer lo que está muriendo. Si aparecen setas en un tronco cortado, es que ha empezado el proceso natural de la descomposición. Los hongos que crecen en el estiércol de caballo o vaca, transforman las sustancias allí existentes.

Los hongos viven en la capa superior de la tierra, donde pueden cumplir sus funciones. ¿Qué ha sucedido para que los hongos abandonen su lugar natural de vida y ataquen a las plantas? ¿Por qué aparecen en las semillas y las dañan, de manera que los seres humanos las recubren con desinfectantes venenosos? ¿Son tendencias hacia la descomposición?

En sus conferencias sobre agricultura, Rudolf Steiner explica que los hongos abandonan su nivel natural: la superficie de la Tierra, cuando las fuerzas lunares empiezan a actuar demasiado fuerte sobre la Tierra. Las fuerzas lunares actúan a través de lo líquido y pueden volverse muy fuertes cuando ha llovido dema-

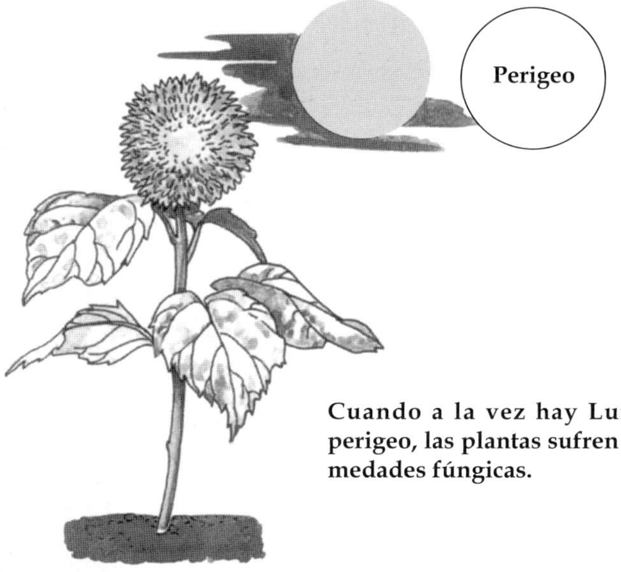


**Cuando a la vez hay Luna llena y perigeo, las plantas sufren más enfermedades fúngicas.**

siado. Con la cola de caballo menor (*Equisetum arvense*) podemos bajar el hongo al nivel del suelo. Tenemos que pulverizar la deccoción sobre el suelo donde crecen las plantas enfermas.

Desde hace años venimos observando que las fuerzas lunares actúan demasiado fuerte sobre la tierra de labor en años con muchas precipitaciones. También hay que contar con fuerzas lunares fuertes cuando la Luna llena y el perigeo coinciden en los mismos días. Entonces se producen más infestaciones fúngicas en los cultivos. En estos casos los prevenimos con una deccoción de cola de caballo menor.

**La cola de caballo menor (Equisetum arvense) es capaz de bajar al nivel del suelo los hongos que han ido subiendo por la planta.**

Según nuestras observaciones realizadas a lo largo de muchos años, hay tres razones por las que aumentan las infestaciones fúngicas en las plantas. Siguiendo estos consejos, no será necesaria ninguna medida para combatir tales enfermedades:

1. Las fuerzas lunares son demasiado fuertes en años con muchas precipitaciones. Cavar por la mañana es de ayuda, ya que entonces la tierra espira su humedad.
2. Un abonado incorrecto, como utilizar abonos orgánicos o sustancias procedentes de animales que no han pasado la fermentación en el montón de compost. La mejor medida preventiva contra las infestaciones fúngicas, es esparcir el mantillo en otoño.
3. Las semillas que fueron cosechadas bajo impulsos desfavorables, darán al año siguiente plantas propensas a contraer enfermedades fúngicas.

## La cola de caballo menor

La cola de caballo menor (*Equisetum arvense*) es capaz de bajar al nivel del suelo los hongos que han ido subiendo por la planta, es decir devolverlos a su medio natural. ¿Por qué posee esta cualidad?

En ciertas especies de cola de caballo –como la de los pantanos– primero crecen los tallos verdes, algunos de los cuales más tarde llevarán en la punta una especie de piña marrón –el esporangio– donde se desarrollan las esporas con las que se reproducen estas especies. Los hongos se reproducen de forma muy parecida.

En cambio otras especies de cola de caballo –como la menor– al comienzo de la primavera emiten tallitos sin ramificaciones verdes, con el esporangio marrón del que se esparcirán las esporas, reproduciéndose así la planta. Más adelante, a lo largo del año, emitirán los tallos verdes sin el esporangio, pero con una gran concentración de sílice. Con esta separación

**Para combatir las enfermedades fúngicas.**

**Según indica el texto, preparar una decocción de cola de caballo menor. Removerla bien durante 10 minutos. Colar la decocción y pulverizarla por la tarde bajo las plantas atacadas.**

entre tallos reproductivos y vegetativos, el equiseto menor ha superado el nivel de los hongos y por esta razón es capaz de volver a los hongos a su nivel.

## Receta contra las enfermedades fúngicas

Se echa 10 g de cola de caballo menor seca en 2 litros de agua fría y se llevan a hervir 20 minutos. Se deja enfriar la decocción, se añade 8 litros de agua y se remueve durante 10 minutos. Se cuela la decocción y se pulveriza el suelo bajo las plantas enfermas a razón de 10 litros sobre 100 metros cuadrados. Esto también sirve como preventivo. Si los árboles ya están afectados, se rocía con este cocimiento el tronco y las ramas más gruesas.

En casos difíciles es posible repetir el tratamiento en tres tardes seguidas.

## Enfermedades fúngicas en diversas plantas

He aquí algunos consejos sobre determinadas hortalizas y frutas que pueden sufrir enfermedades fúngicas.

**Raíces atacadas por la enfermedad de la hernia de la col. Es una de las más temidas de las plantas de la familia de la col (crucíferas).**

### *Patata*

Los patatales no han de cavarse ni aporcarse en días de hoja. Tampoco en los días de perigeo. Si se hace, aparecen las enfermedades fúngicas tan temidas, como el mildiu de la patata.

### *Col*

La enfermedad fúngica más temida en las coles es la hernia de la col, que provoca el hongo *Plasmodiophora brassicae*. Lo más importante es que se mantenga

**Los fresales requieren una atención especial.**

una rotación de cultivos larga y las coles no retornen hasta pasados cinco años (véase la página 62). Otras crucíferas como la colza, la bolsa de pastor y la mostaza (abono verde), sufren también esta enfermedad. Esto debe tenerse en cuenta en la rotación de cultivos. Hay que cuidar que la presencia de calcio en la tierra sea la conveniente. Un pH de la tierra demasiado bajo (ácido) favorecerá la extensión de la enfermedad.

### *Fresales*

Las fresas crecen al nivel de los hongos: muy pegadas al suelo. Además necesitan grandes dosis de abono, que provocan en las plantas una fuerte tendencia a retener la humedad. Las plantas necesitan rocas y calor –las fresas silvestres crecen, totalmente sanas, en laderas pedregosas–. Las dosis grandes de abono favorecen las enfermedades fúngicas.

¿Qué podemos hacer por nuestro cultivo favorito?

Lo principal es utilizar sólo mantillo completamente fermentado. Deberá plantarse y cavarse únicamente en días de fruto. También es de gran importancia el momento de la cosecha, para la cual son recomendables los días de flor o de fruto. En la recolección, la planta tampoco ha de estar húmeda por el rocío. Véase la página 116 y siguientes.

### *Frutales*

Para tener algunos consejos sobre el tratamiento adecuado al elegir, plantar y cuidar los frutales, basta recordar lo que hacían nuestros abuelos.

Hoy sólo se ofrecen y recomiendan árboles de escaso porte. Se ha bajado mucho la copa del árbol, es decir aproximado a la zona de los hongos. Los troncos altos o los árboles de gran tamaño a menudo están más sanos que los pequeños.

Antiguamente se cuidaba mucho el tronco del árbol. En la publicación alemana *Technologischen Jugenfreund* (El joven amigo tecnológico) de 1820 se recomendaba preparar un líquido espeso a base de estiércol de vaca, barro, ceniza de leña, pelo de vaca y suero de leche con el cual embadurnar los troncos de los árboles. Los pelos de vaca se obtenían al cepillar dos veces al día las vacas, pues entonces no se concebía el dejar a las vacas con tanta suciedad como se hace hoy.

Actualmente se aplica abonos sin fermentar -en los que todavía se hallan activos los hongos de la descomposición- bajo la circunferencia de la copa (bajo los extremos de las ramas) o incluso en el alcorque. De esta manera el hongo crece por encima del nivel del suelo, por encima de su nivel, atacando la madera, las hojas y los frutos.

El plantel se ha de plantar y cultivar bajo impulsos cósmicos favorables.

Si para prevenir las enfermedades fúngicas no bastan todos los medios descritos antes, se puede elaborar un purín con las hojas enfermas y pulverizarlo sobre las plantas.

### Receta contra los hongos de los frutales

Se introduce un puñado de hojas enfermas en un recipiente de barro con 10 litros de agua. Las hojas tienen que pudrirse totalmente. Luego se cuela el líquido y cuando la Luna pasa ante Cáncer se aplica con un pulverizador muy fino sobre el tronco y la copa. También se trata el suelo de alrededor de los árboles. La operación se repite dos veces más, en intervalos de cuatro semanas.

En el caso de moniliosis es muy efectivo recoger un puñado de frutos enfermos caídos al suelo, deshuesarlos (muy importante) y quemarlos con leña cuando la Luna pase ante Escorpio. Con esta ceniza se elabora una potencia D8 con la cual se pulveriza el tronco, la copa y la tierra durante tres días seguidos. La operación se repite cuatro semanas más tarde.

## LAS PLAGAS ANIMALES

Se considera plagas a los animales que consumen los cultivos. Es un punto de vista subjetivo. Los ratones son calificados de plaga porque les gustan los cereales, igual que a nosotros. Pero el gato ve al ratón desde otro punto de vista: le «gusta» tanto este animalito, que después de jugar todo lo que quiere con él, se lo come.

Los pulgones, por ejemplo, son para las hojas de los cultivos una plaga grave, pero las hormigas les mantienen como vacas lecheras: les cuidan, miman y protegen contra los posibles enemigos, pues lamen gustosas sus secreciones azucaradas.

Contra una invasión de insectos, a menudo sirve regar por la tarde las plantas afectadas con una decocción de ortigas o un purín de ortigas muy rebajado (véase la página 46 y siguientes). Las ortigas estimulan el flujo normal de la savia, desapareciendo así las plagas. Hemos observado que una lluvia calurosa tiene el mismo efecto.

Junto a los ritmos cósmicos, para la reproducción de los animales también es decisivo el alimento que encuentran. Las águilas ratoneras, por ejemplo, ponen más huevos en los años que ha habido en verano una plaga de ratones. Los jabalíes se reproducen más en los años que las encinas han dado más bellotas.

Por otro lado, en la Naturaleza podemos ver que los animales que se han reproducido en exceso y por tanto suponen una amenaza, se suicidan. En Noruega, miles de lemmings se dirigen todos los años a la costa para ahogarse en el mar.

**El ratón es para nosotros un animal dañino. No así para el gato, que se lo come, tanto le gusta.**

Al reflexionar sobre los artilugios utilizados contra las plagas, primero habría que tener en cuenta que la desaparición de gran número de animales es lo que permite que aquellas se vuelvan dañinas. En una huerta bien cuidada, es difícil que suceda esta proliferación. La primera regla es que si llega el caso de que los animales se reproducen demasiado, hay que buscar los errores que han provocado esta situación. Hay que estudiar las costumbres de los animales. Se puede tomar medidas estabilizadoras, de manera que no lleguen a producir daños graves en las plantas. La clasificación de plagas siguiente considera estos aspectos.

## Las plagas de coles y zanahorias

En las coles hay sobre todo tres plagas: la mariposa blanca, el gorgojo y la mosca de la col. En la zanahoria aparece sobre todo la mosca de la zanahoria.

### *La mariposa blanca*

Todo horticultor conoce a la mariposa de la col *Pieris brassicae*. En verano revolotean estas lindas mariposas. Cuando sus orugas se

**Las orugas de la mariposa blanca pueden causar grandes daños en las coles.**

vuelven dañinas, utilizamos una infusión de ajenjo o un extracto de 24 horas de ortigas.

Con tomates plantados entre las coles, desaparece la mariposa. También sirve poner brotes axilares de tomateras partidos entre las plantas de col.

El extracto de ortigas fermentado 24 horas como se describe en la página 45 y siguiente, colado y sin diluir, se puede pulverizar muy fino el mismo día tres veces y en intervalos de unas horas.

### *El gorgojo de la col*

El gorgojo *Ceutorrhynchus pleurostigma* es muy fácil de frenar. En mayo busca las parcelas donde las

coles no tienen suficiente sitio, para depositar allí sus huevos. Evita las demás parcelas.

En los días de mayo, cuando el Sol y la Luna pasan ante Tauro, también se puede cubrir las parcelas con una mosquitera hortícola -de venta en tiendas especializadas- y el gorgojo se irá a los cultivos del vecino.

### *La mosca de la col*

La mosca *Hylemya brassicae* aparece en nuestros huertos en abril y mayo, cuando el Sol y la Luna están ante Capricornio, buscando buenos lugares donde poner sus huevos. Las orugas que salen de los huevos devoran la epidermis del cuello de la col.

El plantel de col temprana no debe instalarse más profundo de lo que estaba en las parcelas de siembra. Tampoco hay que amontonar la tierra alrededor de la planta. Ambas acciones favorecen la invasión de la mosca de la col.

**Arriba: Larva del gorgojo de la agalla del tallo de la col.**

**Izquierda: Contra los gusanos de la mosca de la col se puede hacer una infusión de ajenjo con la que mojar directamente el cuello de las plantas.**

**Arriba: No hay que temer a la mosca de la zanahoria si están satisfechas las necesidades del cultivo de la zanahoria.**

**Abajo derecha: Si el cuello de la zanahoria no está cubierto de tierra, entonces se vuelve verde. La zanahoria sabe amarga y es el lugar ideal para la puesta de huevos del gusano gris.**

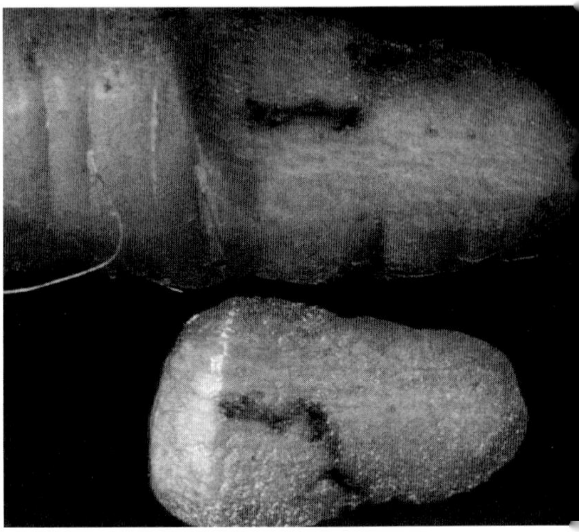

También se puede verter por el cuello una cucharada de infusión de ajenjo enfriada (como se prepara una tisana) sin diluir, tres veces, en intervalos de varias horas.

### *La mosca de la zanahoria*

La zanahoria sembrada y cultivada según sus necesidades, da completa seguridad de que la mosca de la zanahoria (*Psila rosae*) no la invadirá. La zanahoria prefiere tierras que durante dos años no hayan sido abonadas. En estas tierras, la planta puede construir a la perfección sus proteínas y formar muchos azúcares. Las zanahorias abonadas más tarde de lo normal, adquieren mal sabor, pero no para el gusto de la mosca. Las zanahorias son entonces su nido perfecto y por eso las busca: para poner en sus raíces sus huevos. La mosca prefiere aún más las tierras en que se ha añadido turba, ya que entonces le es muy fácil poner los huevos en las zanahorias.

*El gusano gris*

El gusano gris busca las zanahorias que tengan la parte superior al aire, pues ésta se vuelve verde y adquiere el aroma de las hojas. Esas zanahorias «verdes» saben amargas, pero a los gusanos grises parece que les gustan. Procurando que esta parte superior quede cubierta con tierra, el daño será mucho menor.

## Las babosas y los caracoles

Los moluscos se han convertido en ciertos lugares en una verdadera plaga. Algunas personas, desde primera hora de la mañana salen armadas con cuchillos, al acecho de estos competidores tan odiados en la huerta. Otras los recogen y los echan en agua hirviendo. Estos métodos, utilizados en momentos de cólera, no son aceptables. Además no son muy rentables, ya que atraen a más ejemplares de los alrededores, que quieren contribuir a acabar con ese ambiente de cementerio. A veces han de transcurrir años para recuperar la vieja armonía, con la presencia de unos pocos ejemplares.

Estudiando sus costumbres surgirán muchas posibilidades para

**Arriba izquierda: Las babosas son hermafroditas. Aquí están copulando e intercambiando mutuamente el semen.**

**Izquierda: Babosa poniendo huevos.**

su regulación. En primer lugar, nadie debería tener interés en aniquilarles completamente, pues cumplen funciones importantes en la Naturaleza. Muchos labradores saben que su baba es muy fértil.

Veamos primero dónde y por qué aparecen en mayor número. Les gusta que se riegue artificialmente «fuera de tiempo». Para su reproducción y crecimiento son ideales los acolchados. Bajo el húmedo acolchado encuentran el medio perfecto para reproducirse y buscan preferentemente estos lugares. Demasiado espolvoreo de algas calcáreas y sustancias animales que no han sido fermentadas en el compost (lana, huesos, etc.) contribuyen a su multiplicación.

En las parcelas sólo hay que poner mantillo completamente fermentado. Además hay que dejar entrar la luz y el aire en la tierra. Cubrir el suelo sólo en épocas secas. Retirar el acolchado en cuanto haya llovido lo suficiente. Como ya he dicho, sólo regamos una vez, al trasplantar los cultivos. Luego dejamos que el cielo se encargue del agua necesaria. Durante los períodos secos intentamos ayudar a las plantas con los

**El erizo ayuda contra los moluscos, pues son su plato preferido.**

medios adecuados (véase la página 67 y siguientes). Ya que babosas y caracoles son un manjar para los erizos, sapos, eslizones, salamandras, gallinas, patos y otras aves, habría que tener estos animales en la huerta. Pronto se vería cómo no se produce la indeseada proliferación.

La aplicación del preparado de sílice menguará una plaga de moluscos.

Se multiplican cuando el planeta Marte pasa ante las constelaciones que trasmiten sus fuerzas a través del agua: Piscis, Cáncer y Escorpio.

Purín de babosas de elaboración propia.

Arriba: Cuando la Luna está ante Cáncer, se introduce de 50 a 60 ejemplares en un cubo con agua que pueda cerrarse herméticamente con una tapa y se llena con agua hasta arriba, de manera que ya no entre aire en él.

Abajo: Cuando la Luna pasa de nuevo ante Cáncer, se pulveriza muy fino el purín sobre las parcelas (véase la página anterior).

### *El purín de babosas y caracoles*

Cuando todas las medidas anteriores no han sido suficientes, se puede combatir la plaga directamente con un purín elaborado como sigue.

Se recoge y mete de 50 a 60 ejemplares en un cubo que pueda cerrarse, cuando la Luna pase ante Cáncer, y después se llena con agua. Se espera a que la Luna vuelva a pasar ante Cáncer. Entonces ya se han podrido. Este purín, previamente bien colado, se pulveriza muy fino sobre el suelo de la huerta y especialmente bien sobre las superficies de césped limítrofes. Se vuelve a elaborar el purín y se aplica sobre la misma superficie. Estos tratamientos hay que llevarlos a cabo tres veces, dejando siempre cuatro semanas entre cada uno.

Este método es más humano que esparcir sal sobre los animales, hervirlos o cortarlos, porque de todas formas sólo se mataría 50 o 60 ejemplares.

## Otros métodos de control

Cuando a pesar de todas las medidas descritas, los animales ocasionan daños, existe otra posibilidad: interponerse entre los animales y su Ser superior quemando unos pocos ejemplares y esparciendo su ceniza durante la constelación correspondiente. De esta forma nos dirigimos a esa «Mano invisible» con el ruego de reducir la proliferación de los animales a un nivel soportable. Es posible imaginar este proceso como en el lemming de Noruega, que como guiado por una mano invisible, se suicida en masa cuando se reproduce demasiado.

Es importante hacer la incineración sin rabia alguna o el trabajo será en vano. Hay que intentar seguir las grandes leyes de la vida y entonces la Naturaleza corresponderá a la petición.

A continuación siguen unos métodos homeopáticos que han dado buenos resultados. Hay que seguir estas instrucciones con exactitud.

### *Instrucciones*

Se recoge 50 o 60 ejemplares. Lo mejor es introducirlos en una huevera de cartón. Ésta se quema también en el fuego. Hay que realizar la incineración y pulverización en las constelaciones correspondientes (véase la tabla 7 en la página 95). La misma persona muele durante una hora en un mortero –es decir dinamiza– la ceniza de la leña y de las plagas. Con esta ceniza dinamizada se elabora una potencia D8, para lo cual 1 cc de la ceniza se mete en una botella que contenga 9 cc de agua, y cerrada se agita durante tres minutos. Esta es la potencia D1. Se añade 90 cc de agua y se agita todo tres minutos. Esta es la potencia D2. Para la D3 hace falta 900 cc más. Así se sigue hasta llegar a la D8. A partir de la D4, se empieza de nuevo con una pequeña cantidad, ya que de no hacerlo, habría que agitar o remover 100.000 litros de agua para la

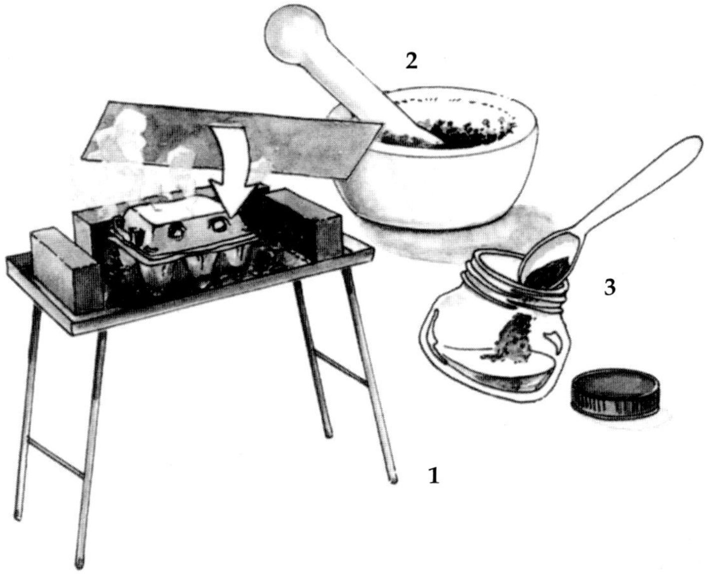


potencia D8. En la página 72 y siguientes está descrito el proceso detalladamente.

Este preparado da buenos resultados pulverizado en gota muy fina durante tres tardes consecutivas, sobre la planta cuando se trata de plagas aéreas o sobre el suelo en el caso de subterráneas. En diferentes plagas se frena de modo considerable su reproducción.

Si es necesario también se puede tomar una potencia D4 de la primera elaboración después de transcurrir cuatro semanas, cuando la Luna pase ante la misma constelación (véase la tabla 7). La dilución puede utilizarse unos dos años. De esta potencia D4, como está explicado antes, hay que elaborar una potencia D8 y pulverizarla en gota muy fina tres veces seguidas.

**Preparación para una dilución D8 con plagas incineradas.**

**1. Poner en una huevera de 50 a 60 ejemplares de la especie que se quiere frenar. Quemarla sobre un fuego de leña.**
**2. La ceniza de la plaga y la leña se muele en un mortero durante una hora y por una sola persona.**
**3. Con esta ceniza dinamizada se prepara luego una D8 a través de diluciones sucesivas (véase la página anterior y la 71).**

Los pulgones son una de las plagas más conocidas.

Escarabajos de la patata.

**Tabla 7: Períodos para incinerar las plagas, elaborar la ceniza o pulverizar la D8**

| Parásito | Período |
|---|---|
| Mariposas diurnas como la blanca de la col, moscas, mosquitos y mosca blanca | Sol y Luna ante Géminis; Venus y Luna ante Géminis |
| Mariposas nocturnas, polillas | Sol y Luna ante Capricornio; Mercurio ante Aries |
| Escarabajo de la patata y otros escarabajos perjudiciales, varroa, gorgojo de la col | Sol y Luna ante Tauro |
| Gusano gris, alacrán cebollero | Sol ante Tauro y Luna ante Escorpio |
| Cochinillas y moluscos | Luna ante Cáncer; Luna y Marte ante Cáncer |
| Pulgones | Luna ante Géminis; Venus ante Géminis |
| Antónomo | Luna y Venus ante Géminis |
| Ácaros, araña roja | Venus o Luna ante Acuario |

Para reducir la proliferación de moluscos hay que llevar a cabo tres pulverizaciones en tres tardes consecutivas por toda la superficie de la huerta.

En el caso de los ratones, ratas y otros roedores y de algunas aves, las indicaciones de los momentos anuales para la incineración aparecen en el *Calendario de agricultura biodinámica.* Para estas incineraciones se utiliza la piel o las plumas de los animales.

Debe quedar claro que sólo sirven para la incineración los animales que realmente causan daños en la granja y la huerta. Según nos han informado científicos expertos, los experimentos realizados con animales criados en los laboratorios no han dado buenos resultados.

# LAS PLANTAS DE RAÍZ

Plantas de raíz son todas las que desarrollan su fruto en el ámbito de la raíz. Se siembran, cavan, tratan, cosechan y almacenan en los días de raíz (véase la ilustración de la contracubierta posterior). Las excepciones aparecen a continuación, especie a especie.

Son plantas de raíz:

| | |
|---|---|
| Ajo | Apionabo |
| Cebolla | Colinabo |
| Escorzonera | Pastinaca |
| Patata | Perejil de raíz |
| Rabanito | Rábano |
| Remolacha | Zanahoria |

También hay que considerar a las patatas plantas de raíz –a pesar de que no son raíces auténticas sino tallos engrosados, tubérculos– pues reaccionan clara y positivamente a los días de raíz, en peso y en número de ejemplares. Las cebollas y los ajos, que en realidad son plantas de hoja, reaccionan también a los días de raíz. Siguen algunos consejos para el tratamiento de cada especie.

**Izquierda: La pastinaca es una planta de raíz.**
**Abajo: El apionabo es una planta de raíz.**

**Izquierda: Las zanahorias que se siembran y cultivan en los días de raíz, crecen de forma óptima en cuanto a forma, rendimiento, sabor y calidad.**

**Izquierda abajo: Las zanahorias que han sido sembradas en un día de hoja, tienen la raíz ramificada. Dan mucho trabajo cuando se van a preparar en la cocina.**

## Zanahoria

Esta hortaliza no se ha de cosechar demasiado pronto o sus proteínas no estarán maduras y aún no habrá acumulado los azúcares, que se forman relativamente tarde. Se puede mejorar bastante la calidad si unas tres o cuatro semanas antes de la recolección, cuando la Luna pase ante las constelaciones de Aries y Libra, recibe una pulverización del preparado de sílice a primeras horas de la tarde.

Las zanahorias recolectadas en los días de hoja, se pudren rápidamente en el almacén. Siempre se ha de evitar recolectarlas en este período.

## Remolacha

Lo descrito para la zanahoria vale también para esta hortaliza.

Las remolachas pueden recolectarse en los días de raíz y en los de hoja, en que no parece haber efecto negativo alguno en la cosecha. Sembradas en días de hoja, aventajan a las hierbas, ya que se desarrollan muy rápido y adelantan en el crecimiento. Sin embargo para los trabajos de cava, la aplicación del preparado de sílice y la recolección, es preferible escoger los días de raíz. Las plantas cavadas en días de raíz muestran bastante más nitrato, y ya que las hojas van a ir al compost, es algo que ha de considerarse como positivo.

Si las remolachas han de tener más materia seca, hay que evitar los días de hoja. Si van a destinarse a jugo, conviene que la siembra sea en un día de raíz y los trabajos de cultivo en los días de hoja.

## Rabanito

Los rabanitos plantados para obtener semillas, deben sembrarse cuando la Luna pase ante la constelación de Aries. Esto tiene un efecto positivo sobre la calidad de la semilla y con ello de la raíz que provenga de ella al año siguiente.

## Apionabo

El apionabo se siembra (en marzo) cuando el Sol está ante Piscis y en un día de raíz.

No hay que sembrarlo nunca cuando el Sol se encuentre ante Acuario ya que tendería a espigarse.

**Rabanitos: Algunas constelaciones planetarias ocultan los impulsos de la Luna combinada con la constelación zodiacal y muestran su efecto. Realizando siembras cada hora, pudimos determinar el plazo de tiempo que dura su influencia.**

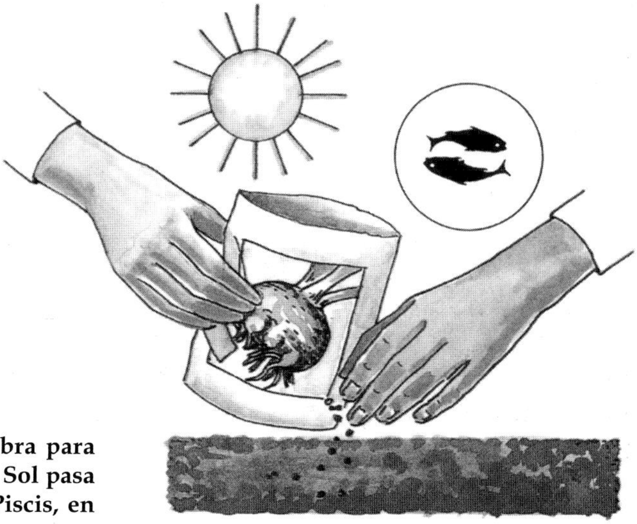

**La mejor época de siembra para el apionabo es cuando el Sol pasa ante la constelación de Piscis, en un día de raíz.**

## Cebolla

La cebolla sembrada y cavada en días de hoja, da el mismo rendimiento que la sembrada y cavada en días de raíz. Las pruebas de almacenamiento, incluyendo también para ello los días de flor, dieron resultados muy diferentes. Los bulbos de los días de hoja se pudren ya a principios del invierno. Los de los días de flor y fruto empiezan a brotar por Navidad. Sólo las cebollas de los días de raíz, cosechadas durante la época de plantación, se conservan durante mucho tiempo, incluso hasta agosto del año siguiente. Empiezan a brotar cuando el Sol está ante la constelación de Leo.

La conservación de las cebollas mejora si se almacenan en heno o paja. Hay que abonarlas preferentemente con mantillo procedente de compost vegetal, mejor que con estiércol fresco. Así las plantas se conservan más robustas. El estiércol fresco atrae a la mosca de la cebolla, provocando una invasión de sus gusanos.

## Ajo

Para la plantación de los dientes de ajo convienen los días de raíz.

**Izquierda arriba: Las cebollas son imprescindibles en la cocina.**

**Derecha arriba: El ajo es una planta de raíz.**

**Izquierda abajo: Las patatas se recolectan en días de raíz.**

La siembra de otoño es más recomendable que la siembra de primavera. Son adecuados los días de octubre, en que el Sol está ante Virgo.

Todas las labores de cultivo deben realizarse en días de raíz; así la cosecha será mejor y tendrá la máxima capacidad de conservación.

**Patata**

La patata crece mejor y más sana si en otoño se abona con mantillo completamente fermentado. Hay que evitarle todo abono con mucho nitrógeno, estimulador del crecimiento.

Los mejores resultados aparecen plantando la patata en días de raíz, cavándola tres veces y pulverizándola tres veces con el preparado de sílice. Si le crece demasiada hoja, no debe segarse. En este caso es más conveniente pulverizar la sílice en un día de fruto a primera hora de la tarde. Cuando las hojas de las patateras se han marchitado, las patatas están listas para ser cosechadas.

Para la recolección conviene escoger los días de raíz durante la época de plantación. Entonces los tubérculos no se arrugarán. Y evitar los días de hoja durante la época de plantación, ya que las patatas almacenadas se pudren fácilmente.

Las patatas destinadas a la obtención de plantel se plantarán cuando la Luna pase ante Aries. Después de la cosecha se esparce algo de ceniza de leña sobre ellas, una vez estén en el almacén. Esto favorece la sanidad de las patatas.

Para la obtención de plantel también se puede cortar las yemas medias del tubérculo y plantarlas en días en que el Sol y la Luna estén ante Aries. Se corta las yemas como al pelar la patata y se plantan a una distancia de 10 cm entre sí. La distancia no debe ser mayor o los tubérculos no sirven para plantel, porque crecen demasiado.

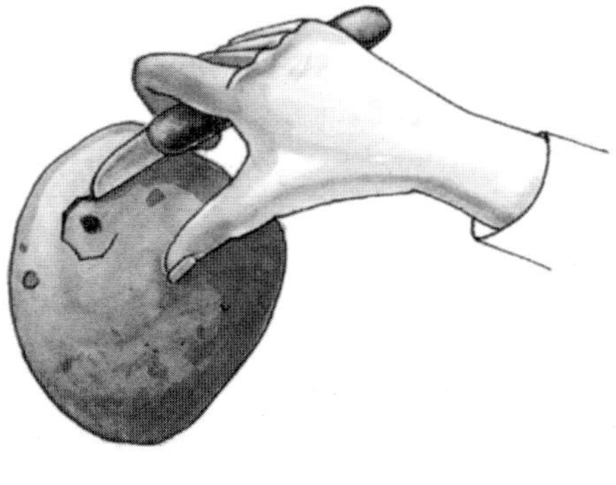

**Es posible cortar las yemas de tamaño medio del tubérculo y utilizarlas para la obtención de plantel.**

## LAS PLANTAS DE HOJA

Las plantas que desarrollan sobremanera el ámbito de la hoja son las siguientes:

- Acelga
- Achicoria
- Césped
- Coles (la mayoría)
- Coliflor (no el bróculi)
- Colirrábano
- Escarola
- Espárrago
- Espinaca
- Hierba de los canónigos
- Hinojo
- Lechuga
- Perejil

Los días de flor son ideales para el bróculi, según indican muchos ensayos (véase la página 112).

Las plantas de hoja, por regla general, se siembran, trasplantan, cavan y tratan en los días de hoja (véase la ilustración en la cubierta posterior).

Los días de hoja no son convenientes para recoger los ejemplares destinados a almacenamiento, aun tratándose de plantas de hoja. Conviene utilizar los días de flor o de fruto, y en las variedades de coles los días de flor.

**Col rizada**

Algunas plantas como las cebollas, las remolachas forrajeras y las remolachas de mesa pueden sembrarse en días de raíz y en días de hoja. En ambos casos darán iguales cosechas. Las remolachas que se siembran en días de hoja tienen la ventaja suplementaria de que crecen más deprisa que las hierbas. Las cebollas sembradas en días de hoja tienen la desventaja de que su capacidad de conservación es muy mala y se pudren.

He aquí algunos consejos sobre las hortalizas por separado, que en parte difieren de las reglas generales.

**Coles**

Para todo tipo de coles es mejor realizar en los días de flor la última cava, la última pulverización de sílice y la recolección destinada a ser almacenada.

**Repollo**

Para elaborar col fermentada, es mejor escoger para la recolección los días de flor. Para la siembra, cava y tratamientos son recomendables los días de hoja.

**Colirrábano**

La siembra y cultivo en días de hoja produce las mejores cosechas y ejemplares redondos y anchos. Hay que evitar los días de raíz, ya que entonces crecen deformados y con algunas costras. Además tienen un sabor muy agrio.

Para conservarlos durante un período largo, hay que recogerlos en días de flor.

**Coliflor**

Muchos ensayos señalan que para la coliflor son mejores los

**Las siembras en días de raíz y en días de perigeo, producen unas coliflores que se pudren con facilidad.**

días de hoja. Las plantas cultivadas los días de flor y fruto, florecen antes de estar listas para la cosecha y su producción es escasa, aunque tienen un sabor más almendrado. Las plantas sembradas en días de raíz producen una inflorescencia que se pudre rápidamente, quedando poco aprovechable.

Cuando se quiere guardar largo tiempo, hay que escoger los días de flor para cosecharla.

### Lechuga de cogollo

Para la siembra y trabajos de cultivo hay que escoger los días de hoja, pues la lechuga crecerá mejor. Con el impulso de hoja, aumentará considerablemente el rendimiento y la calidad.

### Hierba de los canónigos

Se siembra siempre en primavera y verano, en días de hoja. Entonces no se espiga, ya que concentra toda su fuerza en las hojas. Una vez, de una semilla obtuvimos un ejemplar tan grande como una lechuga de cogollo, tierno y de muy buen sabor. Para la recolección de invierno y primavera se siembra en días de hoja, en agosto o septiembre.

**Hierba de los canónigos, cuyo nombre científico es Valerianella.**

### Achicoria

Sembrada en días de hoja y hechos los trabajos de cultivo en días de raíz, crecerá una raíz fuerte, que hay que cosechar en días de hoja o es el momento para someterla al blanqueado. La raíz se planta en un día de hoja duran-

Peregil

te la época de plantación. Si se desea un cultivo rápido, hay que escoger los días en que la Luna esté ante Piscis. Si la cosecha ha de ser en primavera, son recomendables los días en que la Luna está ante Cáncer o Escorpio.

## Espinaca

Las espinacas crecen especialmente bien cuando la tierra ha sido abonada en el otoño anterior con mantillo completamente fermentado a razón de un kg por metro cuadrado y después han sido sembradas en primavera, cuando el Sol pasa ante la constelación de Piscis y la Luna ante Piscis, Cáncer o Escorpio (impulso hoja). A cielo abierto se cava por primera vez unas tres semanas después. En el invernadero, la primera cava se hace nueve días después de la siembra. Si para las cavas y pulverizaciones se escoge los días de hoja, crecerán mejor. Si se cava en días de raíz, aumenta la cantidad de nitrato. El impulso de hoja en la siembra y los trabajos de cultivo tienen como consecuencia un contenido escaso de nitrato y elevado de azúcares y proteínas, por lo tanto aumenta considerablemente la calidad.

## Perejil

Para la siembra y trabajos de cultivo del perejil son óptimos los días de hoja. Para que se conserve se cosecha y elabora en días de flor.

## Césped

Se siembra en días de hoja. La tierra se habrá abonado antes con mantillo completamente fermentado. Sus semillas se introducirán un poco en la tierra, ya que necesitan un buen contacto con ella para germinar. Después hay que mantener húmeda la tierra. Se riega por la tarde.

**Para que el césped crezca rápido y espeso, se corta en días de hoja (izquierda). Para utilizar menos el cortacésped, se corta en días de flor (derecha).**

Es recomendable realizar la primera siega cuando la Luna está ante Cáncer y entonces enraizará rápidamente y se desarrollará denso y fuerte. Después de cortarlo conviene pulverizarle un purín de ortiga rebajado, a razón de un litro de purín en 40 de agua (véase la página 46 y siguientes).

Se abona con mantillo cuando la Luna esté ante Cáncer o Escorpio.

Para cortar el césped hay dos posibilidades. Si se desea cortar pocas veces por ejemplo porque se dispone de poco tiempo, hay que escoger los días de flor. Si se desea espeso, hay que escoger los días de hoja, pero habrá que cortarlo más a menudo ya que crece más rápidamente.

## LAS PLANTAS DE FLOR

Las plantas de flor son todas las que dan flor. Las flores han de vivir el mayor tiempo posible.

La siembra y los trabajos de cultivo se realizarán por regla general en días de flor; la cosecha también se llevará a cabo en días de flor (véase la ilustración de la cubierta posterior).

Este grupo lo componen las siguientes plantas:

- Plantas medicinales, de las que se utiliza la flor
- Bróculi
- Flores, también cortadas y secas
- Bulbos de flor

**Un campo de girasoles en flor siempre es fascinante.**

- Plantas con las que se elabora los preparados biodinámicos para el compost (véase la página 40)

**Rosal donde vivimos. Entre la casa y la calzada sólo hay medio metro. En otoño esparcimos dos cubos de mantillo completamente fermentado y pulverizamos el preparado combinado de estiércol; en primavera pulverizamos el preparado de boñiga. Cuando han salido las hojas, pulverizamos sobre ellas el preparado de sílice tres veces por las mañanas en días de hoja.**

Las plantas oleaginosas como el girasol y la colza, son de alguna manera plantas de flor. Por una parte dan la mayor cosecha de semillas al sembrar en días de fruto y semilla, sin embargo dan la mayor cantidad de aceite al realizar los trabajos de cava y las pulverizaciones del preparado de sílice por las mañanas de los días de flor. La cosecha también se ha de hacer en días de flor.

Siguen algunas recomendaciones para tratamientos especiales de las plantas de este grupo.

## Flor cortada

Para los trasplantes hay que escoger los días de flor durante la

**Las grandes diferencias en el color y en la cantidad de aceite de linaza se deben a los diferentes efectos cósmicos al aplicar el preparado de sílice.**

época de plantación. También la recolección, es decir el cortar las flores, se hace en días de flor. El olor es más intenso, las flores se conservan más tiempo frescas y bellas, y los restos de las plantas que quedan en la parcela echan muchos brotes laterales. Así se desarrollan varias generaciones de flores y se obtiene un rendimiento mayor.

Si se corta las flores en días de fruto, el resto de la planta forma de nuevo buenas flores pero estas flores echan pronto semillas y no es eso lo deseable.

Las flores secas recogidas en días de flor conservan su color y brillo, mientras que las recogidas en otros días palidecen pronto.

## Bulbos

Conviene plantarlos en días de flor, durante la primera quincena de noviembre.

## Plantas medicinales

Conviene recoger las flores para infusiones u otros fines parecidos, en los días de flor, es decir cuando la Luna pasa ante Géminis, Libra o Acuario.

Las flores se secan colocadas

**Conviene cortar las flores en días de flor. Las flores se conservarán en el jarrón más tiempo frescas y su olor será más intenso. La planta que ha quedado en la parcela echa nuevos brotes laterales. Así se aprovecha al máximo las flores.**

sobre un papel, en un lugar seco.

Las hojas de las plantas cultivadas por su aceite esencial, como menta o melisa, hay que recolectarlas en días de flor para secarlas (véase el capítulo sobre la cosecha en la página 27 y siguientes)

**El bróculi pertenece a las plantas de flor y reacciona de forma positiva a los días de flor.**

## Bróculi

En muchos ensayos, el bróculi ha mostrado que ha de tratarse como una planta de flor. Siempre que durante la siembra actuaban los impulsos de luz (véase la página 12 y la ilustración en la cubierta anterior), las inflorescencias cosechadas eran compactas y hermosas. La siembra en días de hoja daba plantas que invertían toda su fuerza en el crecimiento de las hojas; y en los días de fruto, en el desarrollo de muchas inflorescencias pequeñas.

## Las plantas para los preparados

Para el cultivo y recolección de las plantas con las que se va a elaborar preparados biodinámicos, es recomendable lo siguiente.

En los días de flor por la mañana hay que recolectar el diente de león, nada más abra la flor. El centro de la flor ha de estar todavía cerrado.

Hay que recolectar la manzanilla en días de flor, poco antes de San Juan (24 de junio). Recolectada más tarde, las flores empiezan a formar semillas y de estas flores ya no se puede elaborar un buen preparado.

Cuando las ortigas empieza a mostrar sus primeras flores, ha llegado el momento de recogerlas. Para la elaboración del preparado de ortiga se corta toda la parte aérea de la planta en los días de flor.

Las flores de valeriana se recolectan en los días de flor de alrededor de San Juan.

**Con el diente de león, Taraxacum officinale, se elabora uno de los preparados biodinámicos para el compost.**

## LAS PLANTAS DE FRUTO

Plantas de fruto son todas las que por regla general reaccionan de forma positiva a los días de fruto en la siembra, trabajos de cultivo y recolección. Son las siguientes:

- Arroz y todo tipo de cereales
- Calabazas de todo tipo, incluidos calabacines
- Fresal
- Frutales y arbustos de frutillas
- Guisante
- Judía
- Lenteja
- Maíz
- Pepino
- Pimiento
- Tomate

Para obtener semillas de las plantas de fruto, la siembra, trabajos de cultivo y recolección han de realizarse en días de fruto/semilla (Luna ante la constelación de Leo, véase la página 13). Así las semillas serán de calidad especialmente buena, superior a la de otros días de fruto.

Los días de fruto son muy apropiados para elaborar productos lácteos y que se desarrollen fer-

**El trigo, como los demás cereales, es una planta de fruto. En la foto, trigal experimental en nuestra granja.**

Los guisantes son plantas de fruto.

mentaciones lácticas como la de la col y otras hortalizas fermentadas y la del pan.

A continuación siguen consejos especiales para algunas hortalizas y frutas.

## Guisantes y judías

Estas plantas dan las mejores cosechas cuando son sembradas, cultivadas y recolectadas en días de fruto/semilla.

Como leguminosas, acumulan nitrógeno en sus nódulos radiculares. Sembradas y cultivadas en días de raíz, dan poca cosecha, pero forman muchos nódulos. Por tanto es recomendable que si se utilizan como abono verde, se escoja los días de raíz.

## Lentejas

Lo dicho para los guisantes y las judías es igualmente válido para las lentejas. Mediante ensayos hemos comprobado que las cavas y las pulverizaciones del preparado de sílice en días de fruto aumentan considerablemente la cosecha.

**Los tomates se siembran, cavan y tratan en días de fruto.**

## Tomates

Los tomates siempre han de sembrarse, cavarse y tratarse en días de fruto.

La poda de los brotes laterales en días de hoja, acarrea inevitablemente una infestación fúngica sobre la planta. Se puede escoger los días de flor para la poda.

La siembra se hará preferentemente en días de fruto, cuando el Sol pase ante la constelación de Acuario.

## Fresa

En primavera los fresales silvestres florecen habiendo emitido pocas hojas. Cuando los frutos y después las semillas han madurado y caen, empiezan a crecer las hojas. Entonces inician las flores para el nuevo año. En otoño, las hojas se ponen rojas y a lo largo del invierno se marchitan.

Lo mismo ocurre con los fresales cultivados. Para recolectar fresas sanas y de buen aroma hay que dejar crecer las plantas de una

Los fresales crecen mejor si al plantarlos, el Sol y la Luna están ante Leo.

manera conveniente. Es decir, nada más terminar la cosecha comenzar con los trabajos de cultivo en vistas al año siguiente.

Como vivimos cerca del bosque, tenemos que proteger los fresales con una malla contra las aves.

Poner los zarcillos a lo largo de las líneas. Después esparcir mantillo completamente fermentado entre las líneas de cultivo (atención: no encima de la planta). Escarificar la tierra y esparcir dos cubos de 10 litros de mantillo cada 10 metros cuadrados, en días de fruto, durante la Luna descendente, es decir en época de plantación. Cavar dos o tres veces más en días de fruto. Los horticultores biodinámicos pulverizan el preparado de boñiga una vez en días de cava (días de fruto), por la tarde, después de la recolección. En los siguientes días de fruto, es decir nueve días después, se pulveriza el preparado de sílice por la mañana. Por último se pulveriza nueve días después, también en días de fruto, el preparado de sílice a las primeras horas de la tarde. Así se pueden desvitalizar las plantas. A la primavera siguiente sólo hay que quitar las hierbas, nada más.

Conviene recoger las fresas preferentemente en días de fruto y en días de flor.

Los fresales crecen al nivel de los hongos, por eso sólo hay que plantarlos en días de fruto. Así se reducirá la tendencia a infestaciones fúngicas.

De ninguna manera se debe segar las hojas de los fresales, como recomiendan algunas personas. Esto hace que se pudran los frutos.

Teniendo todo esto en cuenta, las plantas recompensarán este trabajo con una cosecha abundante en frutos sanos y de buen aroma.

### Frutas y frutillas

Para la plantación de árboles frutales y arbustos de frutillas son recomendables los días de octubre y noviembre en que ya han caído las hojas. Aquí hay que tener en cuenta el tipo fruto. Es decir que se plantará en días de fruto, en época de plantación.

Noviembre también es propicio para abonar. Se coloca el mantillo completamente fermentado en la zona bajo los extremos de las ramas. Los organismos subterráneos están todavía activos en este

**Página siguiente, arriba izquierda: La uvaespina es una planta de fruto.**

**Arriba derecha: Grosella negra.**

**Abajo izquierda: Los manzanos son plantas de fruto.**

**Abajo derecha: Peras.**

Las púas de los frutales se cortan durante la Luna ascendente, de mediados de febrero a mediados de marzo y en días de fruto.

Derecha: Una cosecha rica y sana.

mes y elaboran las sustancias orgánicas. Lo importante es esparcir el mantillo durante la época de plantación (Luna descendente) y no utilizar un abono sin fermentar, o proliferarían las enfermedades fúngicas y otras plagas.

De mediados de febrero a mediados de marzo, es adecuado recoger las púas para hacer injertos. Para ello hay que escoger los días de fruto durante la Luna ascendente. Las púas han de conservarse en un lugar fresco –los sótanos frescos son muy adecuados– y envueltas en un trapo húmedo hasta que llegue el momento de injertarlas. De finales de abril a principios de mayo es la época más favorable para los injertos. Para este trabajo conviene el

período de la Luna ascendente, especialmente los días de fruto.

Es recomendable cortar los esquejes de los arbustos de frutillas en días de fruto durante la Luna ascendente. Al igual que las púas, se envolverán en trapos húmedos y se conservarán en un lugar fresco hasta marzo. Se planta los esquejes durante la época de plantación –para los esquejes de sauces hay que escoger días de flor–. Enero y marzo son propicios para la poda de los árboles frutales. Hay que escoger los días de fruto durante la época de plantación. Si los días de fruto no son suficientes, entonces conviene continuar el trabajo en los días de flor.

Para la recolección de la fruta son propicios los días de fruto durante la Luna ascendente. Así la fruta se mantendrá fresca y jugosa.

La fruta que ha de almacenarse se recogerá preferentemente en días de fruto y en días de flor y evitar los días de hoja, ya que entonces la capacidad de conservación es mínima. Conviene guardar la fruta en heno o paja para que se conserve más tiempo.

Después de la recolección de la fruta, preferentemente en noviembre durante la época de plantación, llega el momento ideal para embadurnar los troncos de los frutales. Se toma boñiga de vaca y arcilla o barro a partes iguales y se remueve todo con suero de leche de vaca hasta obtener la

**Días de fruto**

**Los frutales se injertan preferentemente a finales de abril y principios de mayo, durante la Luna ascendente.**

consistencia similar a la de una pintura a la cola (el suero de vaca puede obtenerse en gran cantidad en las lecherías). Hay que limpiar los troncos y las ramas más gruesas con un cepillo de alambre y aplicar este líquido espeso con una brocha gruesa.

Si este trabajo no está realizado en noviembre, se puede hacer en febrero o marzo.

## APÉNDICE

### Proveedores

Asociación de Agricultura
Casa San Martín
Cañicosa - Matabuena
40163 Segovia
Tel. y Fax: 921 504 157

**Literatura recomendada:**

(1) Curso de Agricultura Biologico-Dinamica, Rudolf Steiner GA 327
(2) Über die Bienen, Rudolf Steiner GA 351
(3) La Abeja Conducta y Cuidados, Matthias K. Thun
(4) El control de las Plagas, María Thun
(5) Constelaciones y Agricultura biodinamica, Maria Thun
(6) Sembrar, plantar y recolectar en armonía con el cosmos, María Thun
(7) La granja y el huerto biodinámicos. Kjell Arman
(8) Cultivar en armonía con la luna y el cielo. Xavier Florín.
(9) Acción de los planetas en los cultivos y en el hombre. Bernard Lievegoed
(10) Elaboración de los preparados biodinámicos. Wistinghausen.
(11) Empleo de los preparados biodinámicos. Wistinghausen.
(12) Qué es la agricultura biodinámica. Herbert Koepf.



**Abastecedores de productos:**

Preparado de boñiga según María Thun:
Wedig v. Bonin, Hof Eichwerder, D-23730 Schashagen.
Tel.: 04561 9910. Fax: 04561/9960
Preparados biodinámicos para pulverizaciones y compost:
Dr. C. v Wistinghausen, D-74653 Künzelsau-Mäusdorf.
Tel.: 07940/2230. Fax: 07940/4911 - C.V.Wistinghausen@t-online.de

Análisis de tierra:
Dr. Fritz Balzer, Oberer Ellenberg, 5, D-35083 Wetter/Amönau
En nuestros centros de ensayo impartimos cursos sobre los distintos temas tratados en nuestras investigaciones y publicaciones. Información, programas y publicaciones: AUSSTAATTAGE M. Thun Verlag, Rainfeldstr. 16, D-35216 Biedenkopf. Fax: 06461-4714. E-mail: THUNVERLAG@AUSSAATTAGE.DE, así como abono para el Calendario y las láminas a color de las pinturas de Walter Thun. Solicite un folleto.

---

**En España pueden pedirlos a Pablo San Miguel**
**telfs: 918038300 - de 22.30 a 24h - Fines de semana y verano: 921529064. Móvil particular 650306111**

---